21世纪高等职业教育计算机技术规划教材

21 ShiJi GaoDeng ZhiYe JiaoYu JiSuanJi JiShu GuiHua JiaoCai

U0116392

计算机应用基础
一体化教程

JISUANJI YINGYONGJICHU YITIHUAJIAOCHENG

陈秀莉 主编

林芳 王劼 黄竹湧 副主编

人民邮电出版社

北 京

图书在版编目（CIP）数据

计算机应用基础一体化教程 / 陈秀莉主编. -- 北京
：人民邮电出版社，2010.9
21世纪高等职业教育计算机技术规划教材
ISBN 978-7-115-23587-9

Ⅰ．①计… Ⅱ．①陈… Ⅲ．①电子计算机－高等学校
：技术学校－教材 Ⅳ．①TP3

中国版本图书馆CIP数据核字(2010)第151361号

内 容 提 要

本书是理论实训一体化的教材，采用任务驱动的编写思路，将计算机的基本应用和操作融入到具体的案例中，案例的选取贴近真实的工作情境，使读者在完成各项任务的过程中学会操作方法，培养借助计算机解决问题的能力。

全书共分6章，包括计算机基础知识、计算机网络基本操作、Windows XP 的基本操作、使用文字处理软件 Word 2003、使用电子表格处理软件 Excel 2003、使用演示文稿制作软件 PowerPoint 2003 等内容。

本书可作为高等职业院校计算机基础课程的教材，也可供初、中级计算机使用者参考。

21 世纪高等职业教育计算机技术规划教材
计算机应用基础一体化教程

- ◆ 主　　编　陈秀莉
　　副 主 编　林　芳　王　劼　黄竹湧
　　责任编辑　潘春燕
　　执行编辑　桑　珊
- ◆ 人民邮电出版社出版发行　　北京市崇文区夕照寺街 14 号
　　邮编　100061　电子函件　315@ptpress.com.cn
　　网址　http://www.ptpress.com.cn
　　北京艺辉印刷有限公司印刷
- ◆ 开本：787×1092　1/16
　　印张：12.5　　　　　　　　　2010 年 9 月第 1 版
　　字数：306 千字　　　　　　　2010 年 9 月北京第 1 次印刷

ISBN 978-7-115-23587-9

定价：25.00 元

读者服务热线：(010)67170985　印装质量热线：(010)67129223
反盗版热线：(010)67171154

前　言

我国的高等职业院校担负着培养技能型人才的重任。培养技能型人才的目标，就是要把走进校园的大学生培养成符合国家发展和企业工作需要的人才，使培养的学生毕业后顺利就业或创业。在当前信息化的社会进程中，在一定程度上掌握计算机的操作技能成为了通向就业岗位的通行证，所以高等职业院校要重视培养学生的计算机应用能力。

计算机应用基础课程是高等职业院校面向非计算机专业学生开设的公共必修课，旨在培养学生掌握计算机软、硬件的基本概念，计算机的基本操作和常用软件的使用方法。高等职业院校的计算机应用基础课程具备自身的职业特色，课程内容与学生所学专业相结合，教学方法采用工学交替，"教、学、做合一"的模式。

本书是根据高等职业院校计算机应用基础课程的教学需要编写的，内容的编排符合学生的认知过程，以任务案例为主线，引导学生在学中做，在做中学，并注意启发学生，使学生熟能生巧，能举一反三。本书的内容包括计算机基础知识、计算机网络基本操作、Windows XP的基本操作、使用文字处理软件 Word 2003、使用电子表格处理软件 Excel 2003、使用演示文稿制作软件 PowerPoint 2003 等，涵盖了国家计算机等级考试的内容，配合学生获取计算机应用能力证书。

本书的编写特点如下。

1．以学生为主体，根据教学对象的认知水平和课程的教学目标，确定教材的编写内容和结构。

2．适用于"理论、实训一体化"的教学方式，从培养学生的操作技能入手，让学生多动手、多动脑，提高计算机操作的技能。理论知识适度、够用，突出实际操作。

3．将应用程序的功能介绍融入到任务案例的具体操作中，避免了教学内容的枯燥化和教条化，使学生能依据案例操作步骤边学边做，轻松学习。

4．内容的选取符合计算机一级考试大纲的要求，适合作为计算机一级考试指导教材。

本书的特色如下。

1．体现教育改革成果，适应高等职业教育的教学要求。采用"知识与技能相结合"的模式，淡化理论，仅重点介绍与指导操作相关的理论，并直接指导操作。

2．任务案例具有实用性和典型性，能够帮助学生举一反三。

3．采用任务驱动的形式，演示讲解翔实，图文并茂，使学生的学习更轻松。

本书的编者都是具备丰富教学经验的一线骨干教师和具有丰富企业工作经历的技术人员，本书在结合多年教学实践经验和高等职业院校教育教学理念的基础上编写而成。第 1 章、第 6 章由王劼编写，第 2 章由黄竹湧编写，第 3 章、第 5 章由林芳编写，第 4 章由陈秀莉编写。全书由陈秀莉统稿。

　　本书的编写得到了学院各专业教师和企业同行的大力支持，在此编者向所有为本书做出贡献的同仁表示衷心的感谢。由于编者的水平有限，书中疏漏或不足之处在所难免，恳请广大读者批评指正。

编　者

2010 年 6 月

目　录

第 1 章

计算机基础知识

计算机是现代社会最重要的工具，它的应用已经渗透到了人类社会的各个领域。掌握计算机的基本知识和操作技能是高等院校毕业生迈入职场的敲门砖。

本章将介绍计算机的历史、组成结构及基本操作。

1.1　计算机概述

人类社会发展到现代社会，经历过两次重要的革命。第一次是 200 多年以前蒸汽机的发明，使机械力替代了人的体力，提高了生产效率，改变了人们的生活方式，带动了工业革命。正因为有了机器的出现，才有了今天的汽车、飞机、轮船等交通工具。

第二次是 50 多年以前计算机的发明，计算机代替的是人的脑力，它可以计算数据，判断、分析问题，进行模拟设计等。计算机带动了信息技术革命。正因为计算机的出现，使我们能够进行手机通信、网上冲浪等。

1.1.1　计算机的发展与特点

世界上第一台电子计算机诞生于第二次世界大战期间，美国军方为了解决计算大量军用数据的难题，成立了由宾夕法尼亚大学的莫奇利和埃克特领导的研究小组，开始研制世界上第一台计算机。经过 3 年紧张的工作，第一台电子计算机终于在 1946 年 2 月 14 日问世了，它耗资 45 万美元（相当于现在的 1 200 万美元），由 17 468 个电子管、6 万个电阻器、1 万个电容器和 6 千个开关组成，重达 30t，占地 160m^2，耗电 174kW，它工作时不得不对附近的居民区停止供电。这台计算机每秒只能运行 5 千次加法运算，称为"埃尼阿克"即 ENIAC（电子数字积分计算机），如图 1-1 所示。

以电子管为元件的 ENIAC 的最大特点是采用电子线路来执行算术、逻辑运算，并存储信息。尽管它昂贵、庞大、能耗高，但在当时，ENIAC 的诞生有划时代的意义，在 2h 内，它可以算出一个工程师整整 100 年时间才能算出的核物理方面的复杂计算，充分为人们展示了计算机发展的广阔前景，电子管如图 1-2 所示。

1947 年，贝尔实验室的肖克利和他的两助手，创造出了世界上第一只半导体放大器件，他们将这种器件重新命名为"晶体管"，如图 1-3 所示。为此，肖克利等 3 人于 1956 年获得诺贝尔物理学奖。用晶体管代替电子管制造的第二代电子计算机，在计算机史上形成了突破性的技术飞跃。与电子管相比，晶体管具有体积小、重量轻、寿命长、效率高、功耗低等特点，并把计算速度从每秒几千次提高到了每秒几十万次。

图 1-1　第一台电子计算机 ENIAC

图 1-2　电子管

图 1-3　晶体管

第三代计算机诞生于 1964 年，由集成电路取代了晶体管，如图 1-4 所示。与晶体管相比，集成电路的体积更小，功耗更低，可靠性更高，第三代计算机由于采用了集成电路，计算速度从每秒几十万次提高到了每秒上千万次，体积大大缩小，价格也不断下降。

图 1-4　集成电路

在计算机的发展史上，20 世纪 70 年代初问世的第四代计算机具有特殊、重要的意义。第四代计算机是采用大规模集成电路制造的计算机，高度的集成化使得计算机的中央处理器和其他主要功能可以集中到同一块集成电路中，这就是人们常说的"微处理器"。第一台微处理器"4004 芯片"于 1971 年由英特尔公司研制成功，这块集成了 2 300 个晶体管的芯片的面积只有 4.2mm×3.2mm，其功能却已相当于 1950 年时像房子那么大的电路板。此后，微处理器的发展如同乘上了高速列车，每隔 18 个月，性能价格比就翻一番。

微处理器的问世使得电子计算机从真正意义上进入了民用领域，并在各行各业都得到了广泛的应用。与此同时，计算机的使用方式也有了革命性的变化。计算机网络的发展成为人类历史发展中的一个伟大的里程碑，通过它，人类正进入一个前所未有的信息化社会。

综观电子计算机的发展历程，计算机的主要特点如下。

- 计算速度快；
- 计算精度高；
- 具有记忆和逻辑判断能力；
- 可实现人机交互。

1.1.2　计算机的分类和应用

电子计算机发展到今天，由于其广泛的应用性，衍生出了多种多样的类型，可以从不同的角度进行分类。

按信息的表示形式和对信息的处理方式不同，计算机可分为数字计算机、模拟计算机和混合计算机。数字计算机所处理的数据都是以 0 和 1 表示的二进制数字，具有运算速度快、准确、存储量大等优点，因此适用于科学计算、信息处理、过程控制和人工智能等领域，具有最广泛的用途。模拟计算机所处理的数据是连续的，称为模拟量。模拟量以电信号的幅值来模拟数值或某物理量的大小，如电压、电流、温度等。模拟计算机解题速度快，适于解高阶微分方程，在模拟计算和控制系统中应用较多。混合计算机则是集数字计算机和模拟计算机的优点于一身的计算机。

如果按用途不同，计算机可分为通用计算机和专用计算机。通用计算机广泛适用于科学运算、学术研究、工程设计和数据处理等领域，具有功能多、配置全、用途广、通用性强等特点，市场上销售的计算机多属于通用计算机。专用计算机是为适应某种特殊需要而设计的计算机，通常增强了某些特定功能，忽略一些次要要求，所以专用计算机能高速度、高效率地解决特定问题，具有功能单一、使用面窄，甚至专机专用的特点。模拟计算机通常都是专用计算机，在军事控制系统中被广泛地使用，如飞机的自动驾驶仪和坦克上的兵器控制计算机等。

计算机按其运算速度快慢、存储数据量的大小、功能的强弱，以及软、硬件的配套规模等又可分为微型机、小型机、大中型机、巨型机、工作站和服务器等。

1. 微型计算机

微型计算机简称微机，是当今最普及、产量最大的一类计算机，它体积小、功耗低、成本低、灵活性大，性能价格比明显优于其他类型的计算机，因而得到了广泛的应用。微型计算机按结构和性能又可划分为单片机、单板机、个人计算机等几种类型，如图 1-5 所示。

2. 小型计算机

小型计算机可支持十几个用户同时使用，如图 1-6 所示，适合中小企业、事业单位，用于工业控制、数据采集、分析计算、企业管理以及科学计算等，也可做巨型机或大中型机的辅助机。典型的小型计算机是美国 DEC 公司的 PDP 系列计算机、IBM 公司的 AS/400 系列计算机、我国的 DJS-130 计算机等。

图 1-5　由单片机组成的功能板

图 1-6　小型计算机

3．大中型计算机

大中型计算机有很高的运算速度和很大的存储量，并允许相当多的用户同时使用，是事务处理、商业处理、信息管理、大型数据库和数据通信的主要支柱。

大中型计算机通常都像一个家族一样形成系列，如 IBM370 系列、DEC 公司生产的 VAX8000 系列、日本富士通公司的 M-780 系列。同一系列的不同型号的计算机可以执行同一个软件，称为软件兼容。

4．巨型计算机

巨型计算机又称超级计算机，是指运算速度超过每秒 1 亿次的高性能计算机，它是目前功能最强、速度最快、软硬件配套齐备、价格最贵的计算机，主要用于解决诸如气象、太空、能源、医药等方面的尖端科学研究和战略武器研制中的复杂计算，曙光 5000 巨型计算机如图 1-7 所示。

5．工作站

工作站属于高档微型计算机，通常配备有大屏幕显示器和大容量存储器，具有较高的运算速度和较强的网络通信能力，有大型机或小型机的多任务和多用户功能，同时兼有微型计算机操作便利和人机界面友好的特点。工作站的独到之处是具有很强的图形交互能力，因此在工程设计领域得到了广泛的应用。

图 1-7　曙光 5000 巨型计算机

6．服务器

随着计算机网络的普及和发展，一种可供网络用户共享的高性能计算机应运而生，这就是服务器，如图 1-8 所示。服务器一般具有大容量的存储设备和丰富的外部接口，运行网络操作系统，要求有较高的运行速度，为此很多服务器都配置双 CPU。服务器常用于存放各类资源，为网络用户提供丰富的资源共享服务。常见的资源服务器有域名系统（Domain Name System，DNS）服务器、电子邮件（E-mail）服务器、网页（Web）服务器、电子公告板（Bulletin Board System，BBS）服务器等。

图 1-8　刀片式服务器

1.2 计算机工作原理

一个完整的计算机系统是由硬件系统和软件系统组成的，它们共同决定着计算机的工作能力。计算机硬件系统是指计算机系统中由各种电子线路、机械装置等元器件组成的，看得见、摸得着的物理实体部分。计算机软件是指人们为了完成某项工作而编写的程序、数据和有关资料。

1.2.1 计算机的基本结构

第一代到第四代的电子计算机都沿用了德国科学家冯·诺依曼提出的计算机结构。

冯·诺依曼计算机主要由运算器、控制器、存储器和输入/输出设备组成，它的特点如下。

- 计算机内部采用二进制来表示指令和数据，每条指令一般具有一个操作码和一个地址码，其中操作码表示运算性质，地址码指出操作数在存储器中的地址。
- 以运算器和控制器作为计算机结构的中心，将编好的程序送入内存储器中，然后启动计算机工作，计算机无需操作人员干预，能自动逐条取出指令和执行指令。

五大部件中，运算器和控制器是计算机的核心，合称中央处理单元（CPU）。CPU 的内部还有一些高速存储单元，被称为寄存器。其中，运算器执行所有的算术和逻辑运算；控制器负责把指令逐条从存储器中取出，经译码后向计算机发出各种控制命令；而寄存器为处理单元提供操作所需要的数据。

存储器是计算机的记忆部分，用来存放程序，以及程序中涉及的数据。它分为内部存储器和外部存储器。内部存储器用于存放正在执行的程序和使用的数据，它成本高、容量小，但速率快；外部存储器可用于长期保存大量程序和数据，它成本低、容量大，但速率较慢。

输入设备和输出设备统称为外部设备，简称外设或 I/O 设备，用来实现人机交互和机间通信。微型计算机中常用的输入设备有键盘、鼠标等，输出设备有显示器、打印机等。

计算机的系统结构如图 1-9 所示。

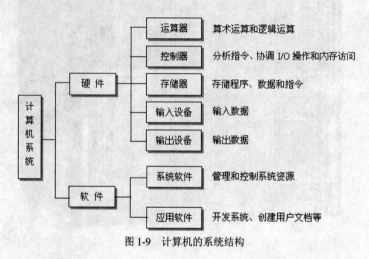

图 1-9　计算机的系统结构

1.2.2　计算机的基本工作原理

根据冯·诺依曼体系设计的计算机工作原理如图 1-10 所示。

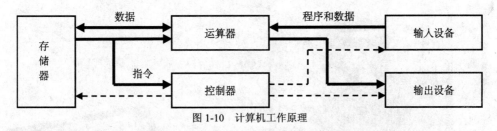

图 1-10　计算机工作原理

计算机的 5 大部件实际上是在控制器的控制下协调统一地工作。

- 首先，把表示计算步骤的程序和计算中需要的原始数据，在控制器输入命令的控制下，通过输入设备送入计算机的存储器存储。
- 当计算开始时，在取数指令作用下，把程序指令逐条送入控制器。控制器对指令进行译码，并根据指令的操作要求向存储器和运算器发出存储、取数命令和运算命令。
- 经过运算器计算并把结果存放在存储器内。在控制器的取数和输出命令作用下，通过输出设备输出计算结果。

1.3　微型计算机硬件系统

微型计算机是当今社会应用最为广泛的计算机，微型计算机的基本硬件由主机和外部设备两大部件组成。

1.3.1　主机

主机是人们通常见到的主机箱及其内部部件，主要由机箱、主板、CPU、内存组成。

1．机箱

机箱是计算机主机的外衣，计算机大多数的组件都固定在机箱内部，如图 1-11 所示，机箱保护这些组件不受到碰撞，减少灰尘吸附，减小电磁辐射干扰。

- 电源：为硬盘、光驱、软驱、主板等提供电源。
- 电源线：电源引出线，分别接到硬盘、光驱、软驱、主板上。
- 驱动器托架：用来安装光驱、软驱。通常硬盘可以安装在软驱的托架上。
- 引出线：从机箱前面板引出的电源开关、重启按钮和电源指示灯、硬盘指示灯的连接线。引出线的另一头接到主板上相应的引出线接口。
- PC 喇叭：发出提示音和报警声。
- 机箱风扇托架：用来安装机箱风扇（有的机箱没有）。

2．CPU

中央处理器（Central Processing Unit，CPU）是电脑最核心、最重要的部件，如图 1-12 所示。CPU 从雏形到发展壮大，由于制造技术越来越先进，集成度越来越高，内部的晶体管数已达到上千万个。CPU 的性能大致上反映出了它所配置的微机的性能，因此 CPU 的性能指标十分重要。CPU 主要的性能指标是主频，也就是 CPU 的工作频率。一般说来，一个时钟周期完成的指令数是固定的，所以主频越高，CPU 的速度也就越快。

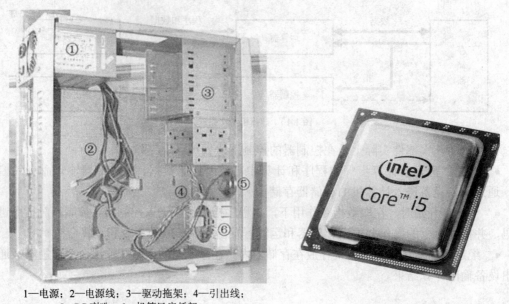

1—电源；2—电源线；3—驱动拖架；4—引出线；
5—PC 喇叭；6—机箱风扇托架

图 1-11　机箱　　　　　　　　　　　　图 1-12　CPU（Intel i5 750）

图 1-12 所示的 CPU 为 Intel i5 750，采用 4 个处理核心，拥有集成内存控制器、三级缓存系统、Turbo Mode 智能加速等多项技术，可自动根据用户的需求关闭、开启处理核心，自动超频。

3．主板

主板是电脑主机中最大的一块长方形电路板，如图 1-13 所示。主板是主机的躯干，CPU、内存、声卡、显卡等部件都固定在主板的插槽上，另外，机箱电源上的引出线也接在主板的接口上。

图 1-13 所示的主板芯片组为 Intel p55，支持 Intel 酷睿 i7、i5 系列 CPU。

- CPU 插座：CPU 就固定在此插槽上。
- 内存插槽：图示主板有 4 个内存插槽（两红色，两黄色），如要安装双通道内存，应插在颜色相同的插槽位置，即一对内存都装在红色槽，或黄色槽。
- 显卡插槽：图示主板有两个显卡插槽，可同时安装两个显卡，即显卡交火技术，可大大提高计算机的图形处理能力。
- 串口插槽：目前硬盘、光驱已经普遍采用串行接口，图示主板有 6 个串行接口，可同时接多个硬盘和光驱。
- 外部接口：主板集成了网卡和声卡，图示位置可接网线、音频线、USB 设备（如优盘）。
- 电池：在主板断电期间维持系统 CMOS 的内容和主板上系统时钟的运行。

4．内存

内存是计算机中数据存储和交换的部件。因为 CPU 工作时需要与外部存储器（如硬盘、软盘、光盘）进行数据交换，但外部存储器的速率却远远低于 CPU 的速率，所以就需要一种工作速率较快的设备在其中完成数据暂时存储和交换的工作，这就是内存的主要作用。

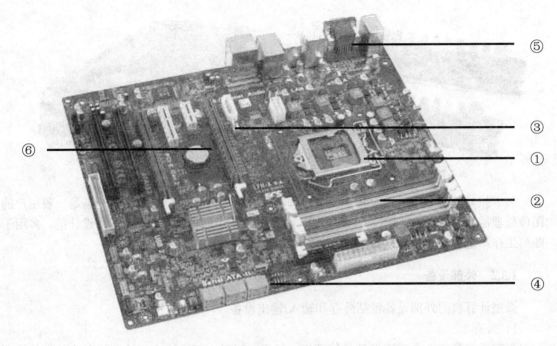

1—CPU 插座；2—内存插槽；3—显卡插槽；4—串口插槽；
5—外部接口；6—电池
图 1-13　主板（p55）

内存一般采用半导体存储单元，包括随机存取存储器（RAM）、只读存储器（ROM），以及高速缓存（Cache）3 种类型。

* 只读存储器（Read Only Memory）：在制造 ROM 的时候，信息（数据或程序）就被存入并永久保存。这些信息只能读出，一般不能写入，即使机器掉电，这些数据也不会丢失。ROM 一般用于存放计算机的基本程序和数据，如 BIOS ROM。

* 随机存取存储器（Random Access Memory）：既可以从中读取数据，也可以写入数据。当机器电源关闭时，存于其中的数据就会丢失。图 1-10 中的存储器指的就是随机存取存储器。

* 高速缓冲存储器（Cache）：Cache 也是我们经常遇到的概念，它位于 CPU 与内存之间，是一个读写速度比内存更快的存储器。当 CPU 向内存中写入或读出数据时，这个数据也被存储进高速缓冲存储器中。当 CPU 再次需要这些数据时，CPU 就从高速缓冲存储器中读取数据，而不是访问速率较慢的内存，当然，如需要的数据在 Cache 中没有，CPU 会再去读取内存中的数据。

图 1-14 所示内存为一对双通道 DDR3 内存套装，可更为高效地匹配 CPU 处理数据的需求。

5. 显卡

早期的计算机并没有专门的显示处理芯片，对图像的处理基本是由 CPU 完成的。随着科技的发展，计算机处理的图像数据越来越复杂，因此需要有专门的显示处理芯片来协助 CPU 进行图像处理，显卡如图 1-15 所示。

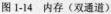

图 1-14　内存（双通道）　　　　　　　　　　图 1-15　显卡

显卡按功能可分为民用级和专业级两种类型，民用级显卡的主要作用是满足一般用户的图像处理需要，如视频处理、游戏、DVD 等；专业级显卡是为满足企业用户设计的，多用于图形工作站进行绘图和 3D 视频处理。

1.3.2　外部设备

微型计算机的外部设备包括外存和输入/输出设备。

1. 外存

外存通常是磁性介质或光盘，如硬盘、软盘、磁带、CD 等，能长期保存信息，并且不依赖电来保存信息，但是由机械部件带动，速率与内存相比慢得多。

● 硬盘：硬盘一般放置在机箱内部，用于存放计算机操作需要的软件和数据，如图 1-16 所示。硬盘分为串口（SATA）、并行口和 SCSI（服务器用）3 种接口方式。SCSI 接口速率最快，并行口速率最慢。

图 1-16　硬盘

● 光盘：各软件制造商一般都采用光盘存储销售软件，计算机通过光盘驱动器对光盘进行读写操作。光盘可分为 CD、DVD、可擦写 CD 和 DVD 几种，随着存储技术的发展，更大容量的光盘，如蓝光光盘已经问世。

- 其他类型的外存：软盘曾经是最常用的便携式外部存储设备，但因为容量小，读写速率慢，现已淘汰；优盘是现在较为常用的存储设备，容量已经从最初的 M 级发展到现在的 G 级，如图 1-17 所示；SD 卡、MMC 卡、CF 卡这些外部存储设备一般应用在数码相机、MP4、手机等数码设备上，如果想让计算机读取这些卡中的数据，一般需要一个多功能读卡器。

图 1-17　优盘和 SD 卡

2. 输入/输出（I/O）设备

- 输入设备：主要完成程序、数据、操作命令，各种图形、图像、声音等信息的输入。常用输入设备有鼠标、键盘、扫描仪等。
- 输出设备：输出计算机的处理结果或操作提示，输出的信息可以是数据、文字、表格、图形、图像或语言。常用输出设备有显示器、打印机、音箱等。

1.4　计算机的软件系统

计算机软件是相对于硬件而言的。它包括计算机运行所需的各种程序、数据及有关资料。脱离软件的计算机硬件称为"裸机"，它是不能做任何有意义的工作的，硬件是软件赖以运行的物质基础。因此，一个性能优良的计算机硬件系统能否发挥其应有的功能，很大程度上取决于所配置的软件是否完善和丰富。软件不仅提高了机器的效率，扩展了硬件的功能，也方便了用户的使用。

软件内容丰富、种类繁多，通常根据软件用途可将其分为系统软件和应用软件两类。

1.4.1　系统软件

系统软件是指控制和协调计算机及外部设备，支持应用软件开发和运行的系统，是无需用户干预的各种程序的集合，主要功能是调度、监控和维护计算机系统，负责管理计算机系统中各种独立的硬件，使得它们可以协调工作。系统软件使得计算机使用者和其他软件，将计算机当作一个整体，而不需要考虑底层每个硬件是如何工作的。

系统软件主要包括：操作系统、语言处理程序、高级语言系统和各种服务性程序等。

1. 操作系统（Operating System，OS）

操作系统是系统软件的核心。为了使计算机系统的所有资源（包括硬件和软件）协调一致，有条不紊地工作，就必须用一个软件来进行统一管理和统一调度，这种软件称为操作系统。它的功能就是管理计算机系统的全部硬件资源、软件资源及数据资源。操作系统是最基本的系统软件，其他的所有软件都是建立在操作系统的基础之上的。操作系统是用户与计算机硬件之间的接口，没有操作系统作为中介，用户对计算机的操作和使用将变得非常难，且低效。操作系统能够合理地组织计算机的整个工作流程，最大限度地提高资源利用率。操作系统在为用户提供一个方便、友善、使用灵活的服务界面的同时，也提供了其他软件开发，运行的平台。它具备 5 个方面的功能，即 CPU 管理、作业管理、存储器管理、设备管理及文件管理。操作系统是每一台计算机必不可少的软件，微型计算机常用的操作系统有 Unix、Xenix、Linux、NetWare、Windows NT、Windows XP、Windows 7 等。

2. 语言处理程序

软件是指计算机系统中的各种程序，而程序是用计算机语言来描述的指令序列。计算机语言是人与计算机交流的一种工具，这种交流被称为计算机程序设计。程序设计语言按其发展演变过程可分为 3 种：机器语言、汇编语言和高级语言，前二者统称为低级语言。

机器语言（Machine Language）是直接由机器指令（二进制）构成的，因此由它编写的计算机程序不需要翻译，就可直接被计算机系统识别并运行。这种由二进制代码指令编写的程序最大的优点是执行速度快、效率高，同时也存在着严重的缺点：机器语言很难掌握，编程烦琐、可读性差、易出错，并且依赖于具体的机器，通用性差。

汇编语言（Assemble Language）采用一定的助记符号表示机器语言中的指令和数据，是符号化了的机器语言，也称作"符号语言"。汇编语言程序指令的操作码和操作数全都用符号表示，大大方便了记忆，但用助记符号表示的汇编语言，与机器语言归根到底是一一对应的关系，都依赖于具体的计算机，因此都是低级语言。汇编语言同样具备机器语言的缺点，如缺乏通用性、烦琐、易出错等，只是程度上不同罢了。用这种语言编写的程序（汇编程序）不能在计算机上直接运行，必须首先被一种称之为汇编程序的系统程序"翻译"成机器语言程序，才能由计算机执行。任何一种计算机都配有只适用于自己的汇编程序（Assembler）。

高级语言又称为算法语言，它与机器无关，是近似于人类自然语言或数学公式的计算机语言。高级语言克服了低级语言的诸多缺点，它易学易用、可读性好、表达能力强（语句用较为接近自然语言的英文字来表示）、通用性好（用高级语言编写的程序能使用在不同的计算机系统上）。但是，用高级语言编写的程序仍不能被计算机直接识别和执行，它也必须经过某种转换才能执行。

高级语言种类很多，功能很强，常用的高级语言中面向过程的有 Basic、用于科学计算的 Fortran、支持结构化程序设计的 Pascal、用于商务处理的 COBOL 和支持现代软件开发的 C 语言。现在又出现了面向对象的 VB（Visual Basic）、VC++（Visual C++）、Delphi、Java 等语言，使得计算机语言解决实际问题的能力得到了很大的提高。

● Fortran 语言是在 1954 年提出，1956 年实现的，适用于科学和工程计算，它已经具有相当完善的工程设计计算程序库和工程应用软件。

● Pascal 语言是结构化程序设计语言，适用于教学、科学计算、数据处理和系统软件开发等，目前逐渐被 C 语言所取代。

● C 语言是美国 Bell 实验室开发成功的一种具有很高灵活性的高级语言。C 语言程序简洁、功能强，适用于系统软件、数据计算、数据处理等，是目前使用得最多的程序设计语言之一。

● Visual Basic 是在 Basic 语言的基础上发展起来的，面向对象的程序设计语言，它既保留了 Basic 语言简单易学的特点，同时又具有很强的可视化界面设计功能，能够迅速地开发

Windows 应用程序，是重要的多媒体编程工具语言。

• C++是一种面向对象的语言。面向对象的技术在系统程序设计、数据库及多媒体应用等诸多领域得到了广泛的应用。专家们预测，面向对象的程序设计思想将会主导今后程序设计语言的发展。

• Java 是一种新型的跨平台分布式的程序设计语言。Java 以它简单、安全、可移植、面向对象、多线程处理等特性引起了世界范围的广泛关注。Java 语言是基于 C++的，其最大的特色在于"一次编写，处处运行"。Java 已逐渐成为网络化软件的核心语言。

3．服务性程序

服务性程序是指为了帮助用户使用与维护计算机，提供服务性手段，支持其他软件开发而编制的一类程序。此类程序内容广泛，主要包括编辑、调试、工具及诊断软件，如 PCTOOLS、DEBUG 等。

4．数据库管理系统

数据库技术是计算机技术中发展最快、用途广泛的一个分支，可以说，在今后的各项计算机应用开发中都离不开数据库技术。数据库管理系统是对计算机中所存放的大量数据进行组织、管理、查询，并提供一定处理功能的大型系统软件。在经济管理的日常工作中，常常需要把某些相关的数据放进这样的"仓库"，并根据管理的需要进行相应的处理。例如，企业或事业单位的人事部门常常要把本单位职工的基本情况（职工号、姓名、年龄、性别、籍贯、工资、简历等）存放在表中，这张表就可以看成是一个数据库。有了这个"数据仓库"，就可以根据需要随时查询某职工的基本情况，也可以查询工资在某个范围内的职工人数等。这些工作如果都能在计算机上自动进行，那企业的人事管理工作就可以达到更高的水平。此外，在财务管理、仓库管理、生产管理中也需要建立众多的这种"数据库"，以便利用计算机实现财务、仓库、生产的自动化管理。

常用的数据库软件有 DB2、ORACLE、SQL Server 等。

1.4.2 应用软件

应用软件是指在计算机各个应用领域中，为解决各类实际问题而编制的程序，它用来帮助人们完成在特定领域中的各种工作。应用软件主要包括以下几类。

1．文字处理程序

文字处理程序用来进行文字录入、编辑、排版及打印，如 Microsoft Word、WPS 等。

2．表格处理软件

电子表格处理程序用来对电子表格进行计算、加工及打印，如 Lotus、Microsoft Excel 等。

3．辅助设计软件

在工程设计或图像编辑中，辅助设计软件可为用户提供计算、信息存储和制图等各项功能。常用的辅助设计软件有 AutoCAD、Photoshop、3D Studio MAX 等。

4．实时控制软件

在现代化工厂里，计算机普遍用于生产过程的自动控制，称为"实时控制"。例如，在化工厂中，用计算机控制配料、温度、阀门的开闭；在炼钢车间，用计算机控制加料、炉温、冶炼时间等；在发电厂，用计算机控制发电机组等。这类控制应用对计算机的可靠性要求很高，否则会生产出不合格产品，或造成重大事故。目前，PC 上较流行的控制软件有 FIX、

InTouch、Lookout 等。

　　5．用户应用程序

　　用户应用程序是指用户根据某一具体任务，使用上述各种语言、软件开发程序而设计的程序，如人事档案管理程序、计算机辅助教学软件、各种游戏程序等。

1.5　计算机组装与日常维护

1.5.1　计算机组装

任务 1-1：组装一台微型计算机。

操作步骤如下。

（1）如图 1-18 所示，准备好组装所需的各部件。

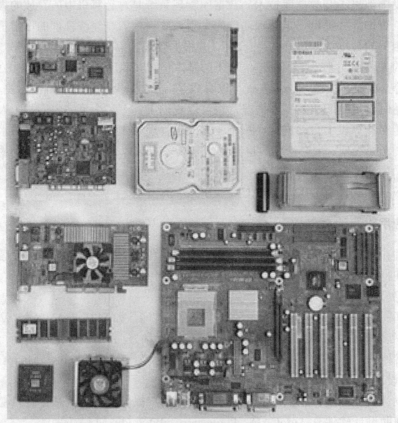

图 1-18　组装所需的各部件

　　（2）将 CPU 固定在主板的 CPU 插槽中，注意 CPU 的缺口对准插槽的缺口，如图 1-19 所示。

　　（3）CPU 固定好之后，在 CPU 上方安装散热风扇，并将风扇电源接入主板，如图 1-20、图 1-21 所示。

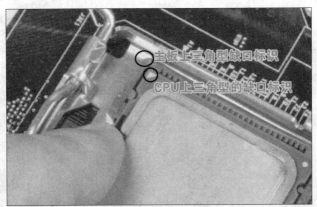

图 1-19　固定 CPU

图 1-20　安装风扇

图 1-21　安装风扇电源

（4）安装内存条，在内存插槽上，有两个塑料卡子，将其向外扳，然后把内存条的缺口对准内存插槽上的小梗，完全插入之后再将塑料卡子的位置复原，如图 1-22 所示。安装内存条只要注意方向即可。

图 1-22　安装内存条

（5）用螺丝将主板固定在机箱中，如图 1-23 所示。

图 1-23　固定主板

（6）把硬盘固定在机箱的硬盘托架上，连接数据线和电源线，如图 1-24、图 1-25 所示。

图 1-24　固定硬盘

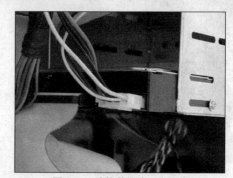

图 1-25　连接数据线、电源线

注意数据线的另一端插入主板的 IDE 插槽中，如果是 SATA 硬盘，则插入主板的 SATA 槽中，如图 1-26 所示。

图 1-26　数据线的另一端接入主板插槽

（7）用同样的方式固定光驱，连接数据线和电源线。

（8）将显卡等板卡插入主板相应的插槽中，如图 1-27、图 1-28 所示。

（9）机箱前置面板上有多个开关与信号灯，这些都需要与主板左下角的一排插针一一连接，如图 1-29 所示。关于这些插针的具体定义，可以查阅主板说明书。

图 1-27　显示卡

图 1-28　插入主板

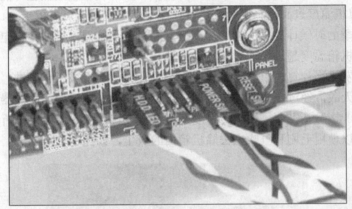

图 1-29　连接开关与信号灯线

　　一般来说，需要连接 PC 喇叭、硬盘信号灯、电源信号灯、ATX 开关、Reset 开关，其中 ATX 开关和 Reset 开关在连接时无需注意正负极，而在连接 PC 喇叭、硬盘信号灯和电源信号灯时需要注意正负极，白线或者黑线表示连接负极，彩色线（一般为红线或者绿线）表示连接正极（见图 1-25）。

　　（10）盖上机箱盖，接下来连接外设，如图 1-30 所示。

　　①电源接口：接主机的电源线，电源线另一端接电源；②USB 接口：接使用 USB 插头的设备，如优盘、闪存、摄像头等；③COM 口：接使用串口的外部设备，如调制解调器、手写板等；④显卡插口：接显示器的信号线插头；⑤声卡插口：不常用，可以用来接游戏手柄的游戏口；⑥PS/2 接口：有两个，分别接鼠标和键盘的 PS/2 插头，左边一个接键盘，右边一个接鼠标，不要接反了，否则键盘和鼠标不能工作；⑦LPT 并口：接打印机、扫描仪等设备；⑧网卡插口：接上网用的 ADSL 或宽带接入网线；⑨麦克风插口：旁边通常标有 MIC 字样；⑩音箱插口：旁边通常标有 Speaker 或 Line-out 字样。

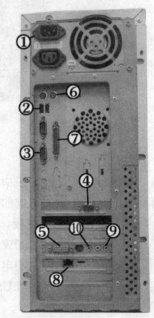

1—电源接口；2—USB 接口；3—COM 口；4—显卡插口；5—声卡插口；6—PS/2 接口；7—LPT 并口；8—网卡插口；9—麦克风插口；10—音箱插口

图 1-30　机箱后部的接线

1.5.2 计算机日常维护

计算机已经成为我们日常工作、生活中必不可少的工具，跟一般的家电和办公用品不同，计算机的维护保养需要注意的地方有很多。

1. 工作环境

（1）温度。随着科技的发展，计算机芯片的集成度越来越高，伴随而来的负效应就是发热量越来越大。普通计算机本身的待机温度从最初的与环境温度持平，已经上升到了比环境温度高 20℃左右，如果运行一些大型的软件或者游戏，计算机机箱内的温度可比环境温度高 40℃以上，在这种情况下，计算机散热就尤为重要（如环境温度过低也可能导致计算机无法运行），如果计算机温度过高，轻则会令运行速度变慢，重则会烧毁板卡。

因此，在夏季的时候计算机所在的房间应该配备空调降温，同时应在电脑内安装系统温度监控软件，当机箱温度超过警戒线时自动报警。

（2）湿度和灰尘。计算机长时间工作在高湿度环境，会造成板卡腐蚀，加速老化。而灰尘更是计算机的天敌，经过一段时间的使用，计算机的板卡、风扇、散热器上都会附着一些灰尘，它会令板卡接触不良，风扇运转速度变慢甚至停转，散热器效果打折扣。

通常我们可以使用毛刷和气吹来去除机箱内的灰尘，如图 1-31 所示。

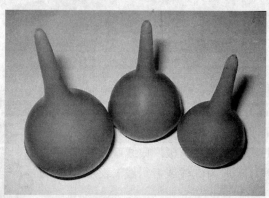

图 1-31　气吹

2. 计算机硬件维护

（1）电源。电源是计算机中维持工作稳定性最重要的部分。当计算机罢工，按电源按钮无任何反应的时候，最先考虑的就是电源出了问题。

一台计算机由 CPU、主板、显卡等众多元器件组成，每个元器件都需要强有力的供电保障，在 10 年前，额定功率 200W 的电源就可满足普通计算机的要求，目前的计算机普遍需要配置额定功率为 350W 以上的电源。好的电源不仅是计算机长时间工作的保证，而且有显著的节能效果。一个通过"80PLUS"（指电能的转换效率达 80%以上）金牌认证的电源，每年可节省上百度的用电。

注意： 如果没有专业的维修知识，不要擅自打开计算机电源。如果购买的是兼容机，应挑选一个品质过硬的电源。如果计算机工作的环境经常出现电压波动的情况，还可以配备一台 UPS 不间断电源来保护计算机。

（2）防静电。静电积蓄过多，有可能会击穿计算机的元器件，所以在打开计算机机箱前应当用手接触暖气管或水管等可以放电的物体，将身上的静电放掉后再接触计算机的配件。另外，在安放计算机时，将机壳用导线接地也能起到防静电的效果。

（3）内存。定期对内存条进行除尘是非常必要的，方法是用橡皮擦来擦除内存金手指表面的灰尘、油污或氧化层。内存条在升级的时候，尽量要选择和以前品牌、外频一样的内存条来和以前的内存条搭配使用，这样可以避免系统运行不正常等故障。

（4）硬盘。硬盘是非常脆弱的，在它工作的时候去挪动机箱是极不明智的做法。电脑的硬件都是有价的，但存储在硬盘上的有些数据是无价的。保证机箱摆放在一个稳定的位置，让你的双腿和机箱保持一定的距离以确保你不会在无意中触碰它，是避免悲剧发生的关键。

不要随便打开一个硬盘的外壳，硬盘内部磁碟的工作环境是完全无尘的，如果让一点点灰尘进入硬盘内部，就会导致硬盘报废。

3．计算机软件的维护

（1）数据备份。重要的数据应及时备份，不要过于信赖计算机的健康状况，很多时候它的崩溃都是突然发生的。优盘、网盘、光盘都可以用来备份数据，多做些预防工作是必要的。

如果你误删除了一些数据，而又忘记备份的话，可以试试一些数据恢复软件，找回丢失的数据也是有可能的。

（2）杀毒软件和防火墙。应给计算机安装杀毒软件和防火墙，并且要经常升级。常用的 Windows 操作系统和一些办公软件有非常多的漏洞，安装补丁也是计算机日常的维护工作之一。

（3）清理垃圾文件。Windows 在运行中会累积大量的垃圾文件，它不仅占用大量磁盘空间，还会使系统的运行速度变慢，所以应定期清除垃圾文件。垃圾文件有两种，一种是临时文件，主要存在于 Windows 的 Temp 目录下，随着计算机使用时间的增长，使用软件的增多，Temp 目录下的临时文件会越来越多，我们只要进入这个目录用手动删除就可以了；还有一种垃圾文件是上网浏览产生的临时文件，我们可以采用下面的方法来手动删除，打开 IE 浏览器，选择"工具"菜单中的"Internet 选项"，在弹出的对话框中选择"常规"选项卡，然后在"Internet 临时文件"栏中单击"删除文件"按钮，在"删除文件"对话框中选中"删除所有脱机内容"，最后单击"确定"按钮就可以了。

1.6 计算机的信息表示方式

1.6.1 数制与单位

数制主要是指数的进位和计算方式。在不同的数制中，数的进位与计算方式各不一样。

1．十进制

在十进制中，每一位可以用 0～9 十个数码中的任一个来表示，十进制是以 10 为基数的进制。

十进制的规则是：在任何一位上，当满十时向高位进一，即"逢十进一"，借位时为"借一当十"。

十进制的数码为 0、1、2、3、4、5、6、7、8、9。

2．二进制

二进制是计算机中最常用的一种数制。在这种数制中，每一位可以用 0、1 两个数码中的任一个来表示。二进制是以 2 为基数的进制。

二进制的规则是：在任何一位上，当满二时向高位进一，即"逢二进一"，借位时为"借一当二"。

二进制的数码为 0、1。

表示方法：$(11001.1)_2$、1011.01B，其中 B 为后缀，表示二进制。

3．八进制

八进制常用于 12 位或 36 位的计算机系统，由于此类计算机比较少，因此八进制应用范围很小。

八进制的数码为 0、1、2、3、4、5、6、7，规则为逢八进一。

表示方法：$(37.4)_8$、65.2O，其中 O 为后缀，表示八进制。

4．十六进制

在电子计算机中，有时为了避免二进制位数太多这个缺点，在某些场合还要用到十六进制数。十六进制是以 16 为基数的进位制。

十六进制的规则是：在任何一位上，当满十六时向高位进一，即"逢十六进一"，借位时为"借一当十六"。

十六进制的数码为 0、1、2、3、4、5、6、7、8、9、A、B、C、D、E、F。

表示方法：73B.CH、$(5A8C.4)_{16}$，其中 H 为后缀，表示 16 进制。

以十进制数 0～15 为例，3 种进制数的对应关系如表 1-1 所示。

表 1-1　　　　　　　　　　　　　进制对应关系

十进制数	二进制数	八进制数	十六进制数	十进制数	二进制数	八进制数	十六进制数
0	0000	0	0	8	1000	10	8
1	0001	1	1	9	1001	11	9
2	0010	2	2	10	1010	12	A
3	0011	3	3	11	1011	13	B
4	0100	4	4	12	1100	14	C
5	0101	5	5	13	1101	15	D
6	0110	6	6	14	1110	16	E
7	0111	7	7	15	1111	17	F

5．计算机的计数单位

计算机采用二进制计数，常用单位如下。

- 位（bit）：位是计算机的最小计数单位，一位表示两种状态，即"0"或"1"。
- 字节（Byte）：每 8 个位组成一个字节，用字母 B 表示，字节是计算机中表示存储容量大小的基本单位。此外，表示容量的单位还有 KB、MB、GB、TB 等。

$1KB=2^{10}B=1\ 024B$　　　　　　　　　$1MB=2^{20}B=1\ 024KB$

$1GB=2^{30}B=1\ 024MB$　　　　　　　　$1TB=2^{40}B=1\ 024GB$

1.6.2　不同进制间的数值转换

1．二、八、十六进制转换为十进制

方法：按位权展开求和。位权指每一位数所具有的权，如十进制数 782，"7"的位权是 10^2，十六进制数 5CA，"C"的位权是 16。

任务 1-2：将二进制数 **10110.1** 转换为十进制数。

$$(10110.1)_2 = 1 \times 2^4 + 1 \times 2^2 + 1 \times 2^1 + 1 \times 2^{-1} = 16 + 4 + 2 + 0.5 = (22.5)_{10}$$

任务 1-3：将十六进制数 **3BE** 转换为十进制数。

$$(3BE)_{16} = 3 \times 16^2 + 11 \times 16^1 + 14 \times 16^0 = 768 + 176 + 14 = (958)_{10}$$

2．将十进制转换为二、八、十六进制

方法：整数部分除基数取余数，小数部分乘基数取整数。

任务 1-4：将十进制数 **37.4** 转换为二进制数（**精确到小数点后 3 位**）。

整数部分：$37 \div 2 = 18$　余 1　最低位　　　小数部分：$0.4 \times 2 = 0.8$　取整数 0　最高位

$18 \div 2 = 9$　余 0　　　　　　　　　　　　　　　　$0.8 \times 2 = 1.6$　取整数 1

$9 \div 2 = 4$　余 1　　　　　　　　　　　　　　　　$0.6 \times 2 = 1.2$　取整数 1　最低位

$4 \div 2 = 2$　余 0

$2 \div 2 = 1$　余 0

$1 \div 2 = 0$　余 1　　最高位

37.4 = 100101B + 0.011B = 100101.011B

1.6.3　ASCII 码与汉字编码

计算机采用二进制数存储信息，因此所有文字信息都是由二进制数编码表示的。为使不同品牌机型的计算机都能使用标准化的信息交换码，计算机对中、西文字符采用一些常见的编码来表示。

1．ASCII 码

ASCII 码（America Standard Code for Information Interchange）是美国国家标准局特别制定的美国信息交换标准码，并将它作为数据传输的标准码。ASCII 码使用 7 个 bit 来表示英文字母、数字 0～9 及其他符号，可表示 128 个不同的文字与符号，为目前各计算机系统中使用最普遍，也最广泛的英文标准码。

例如，计算机要传送数值 123，是将 123 每位上的数字转化为其相应的 ASCII 码，然后传送。常用 7bit ASCII 编码如表 1-2 所示。

表 1-2　　　　　　　　　　　　　　　　　　**7bit ASCII 码表**

ASCII 值	控制字符	ASCII 值	控制字符	ASCII 值	控制字符	ASCII 值	控制字符
0	NUT	4	EOT	8	BS	12	FF
1	SOH	5	ENQ	9	HT	13	CR
2	STX	6	ACK	10	LF	14	SO
3	ETX	7	BEL	11	VT	15	SI

续表

ASCII 值	控制字符	ASCII 值	控制字符	ASCII 值	控制字符	ASCII 值	控制字符
16	DLE	44	,	72	H	100	d
17	DCI	45	-	73	I	101	e
18	DC2	46	.	74	J	102	f
19	DC3	47	/	75	K	103	g
20	DC4	48	0	76	L	104	h
21	NAK	49	1	77	M	105	i
22	SYN	50	2	78	N	106	j
23	TB	51	3	79	O	107	k
24	CAN	52	4	80	P	108	l
25	EM	53	5	81	Q	109	m
26	SUB	54	6	82	R	110	n
27	ESC	55	7	83	S	111	o
28	FS	56	8	84	T	112	p
29	GS	57	9	85	U	113	q
30	RS	58	:	86	V	114	r
31	US	59	;	87	W	115	s
32	(space)	60	<	88	X	116	t
33	!	61	=	89	Y	117	u
34	"	62	>	90	Z	118	v
35	#	63	?	91	[	119	w
36	$	64	@	92	\	120	x
37	%	65	A	93	]	121	y
38	&	66	B	94	^	122	z
39	'	67	C	95	—	123	{
40	(	68	D	96	、	124		
41	)	69	E	97	a	125	}
42	*	70	F	98	b	126	~
43	+	71	G	99	c	127	DEL

查表可知，a 的 ASCII 码值为 97，b 为 98，A 的码值为 65，而 0 的码值是 32，所以 ASCII 码值大小的规律为：a～z＞A～Z＞0～9＞空格＞控制符。

2．汉字编码

（1）输入码（外码）。汉字输入码（外码）是为了通过键盘字符把汉字输入计算机而设计的一种编码。英文字符只有 26 个，所以输入码和机内码一致。汉字输入方案有成百上千个，大致可分为以下 4 种类型。

- 音码：如全拼、双拼、微软拼音等。
- 形码：如五笔字型、郑码、表形码等。
- 音形码：如智能 ABC、自然码等。
- 数字码：如区位码、电报码等。

（2）内码。汉字机内码（内码，汉字存储码）的作用是统一了各种不同的汉字输入码在计算机内部的表示。为了将汉字的各种输入码在计算机内部统一起来，就有了专用于计算机内部存储汉字使用的汉字机内码，用以将输入时使用的多种汉字输入码统一转换成汉字机内码进行存储，以方便机内的汉字处理。

汉字内码也有各种不同的编码方式，如简体的 GB 2312、繁体的 BIG5、GB 13000、unicode 等。GB 2312 80（又称为国标码）中共有 7 445 个字符符号：汉字符号 6 763 个，一级汉字 3 755 个（按汉语拼音字母顺序排列），二级汉字 3 008 个（按部首笔划顺序排列），非汉字符号 682 个。国标码规定，每个汉字（包括非汉字的一些符号）都由 2B 的代码表示。为了不与 7bit ASCII 码发生冲突，把国标码每个字节的最高位由 0 改为 1，其余位不变的编码作为汉字字符的机内码。

（3）输出码。输出码（汉字字形码）用于汉字的显示和打印，是汉字字形的数字化信息。汉字的内码是用数字代码来表示汉字，但是为了在输出时让人们看到汉字，就必须输出汉字的字形。在汉字系统中，一般采用点阵来表示字形。16×16 点阵字形的字要使用 32B（16 × 16/8 = 32）存储，24×24 点阵字形的字要使用 72B（24 × 24/8 = 72）存储。表现汉字时使用的点阵越大，则汉字字形的质量也越好，当然，每个汉字点阵所需的存储量也越大。

1.7　计算机病毒

1.7.1　计算机病毒的特点

1．计算机病毒的产生

计算机病毒是指编制，或者在计算机程序中插入的，破坏计算机功能或者破坏数据，影响计算机使用，并且能够自我复制的一组计算机指令或程序代码。

1977 年，美国作家雷恩在其出版的一本科幻小说中构思了一种能够自我复制的计算机程序，并第一次称之为"计算机病毒"。

1983 年，美国计算机专家首次将病毒程序在计算机上进行了实验。1986 年，巴基斯坦两兄弟为追踪非法拷贝自己软件的人制造了"巴基斯坦"病毒，它成为世界上公认的第一个传染个人电脑兼容机的病毒，并很快在全球流行。1988 年，计算机病毒传入我国，在几个月之内迅速传染了 20 多个省、市的计算机。

1991 年，在海湾战争中，美军第一次将计算机病毒用于实战，在空袭巴格达的战斗中，成功地破坏了对方的指挥系统，使之瘫痪，保证了战斗的顺利进行。

1997 年被公认为计算机反病毒界的"宏病毒"年。"宏病毒"主要感染 Word、Excel 等文件，该病毒早期是用一种专门的 Basic 语言，即 Word Basic 所编写的程序，后来使用 Visual Basic。与其他计算机病毒一样，它能对用户系统中的可执行文件和数据文本类文件造成破坏。

1998 年出现了针对 Windows 95/98 系统的病毒，如 CIH 病毒。CIH 是继 DOS 病毒、Windows 病毒、宏病毒后的第 4 类新型病毒，这种病毒与 DOS 下的传统病毒有很大的不同，它使用面向 Windows 的 VXD 技术编制，1998 年 8 月从中国台湾传入中国大陆，共有 3 个版本：1.2 版、1.3 版和 1.4 版，发作时间分别是 4 月 26 日、6 月 26 日和每月 26 日，该病毒是第一个直接攻击、破坏硬件的计算机病毒，它主要感染 Windows 95/98 的可执行程序，发作时破坏计算机 Flash BIOS 芯片中的系统程序，导致主板损坏，同时破坏硬盘中的数据。

随着计算机工业的发展，计算机病毒层出不穷，到了 21 世纪的今天，它的种类已经达到数万种。随着互联网的广泛应用，计算机病毒传播的速度和范围更快更广，造成的危害也越来越大。

2．计算机病毒的种类

现在流行的计算机病毒主要有以下几种，如图 1-32 所示。

（1）木马病毒。木马病毒源自古希腊特洛伊战争中著名的"木马计"，实质上是一种伪装潜伏的网络病毒，等待时机成熟就出来对被感染者造成伤害。木马病毒是目前危害最大的病毒，它不会自我繁殖，也不会主动地去感染其他文件，它通过网络传播，一般是将自身伪装成邮件或者其他文件吸引用户下载执行。一旦木马病毒进入被感染者的电脑系统，就会伺机窃取网银账户密码、QQ 号、网络游戏账号密码等资料，从而给被感染者带来很大的损失。

图 1-32　计算机病毒比例图

例如"HB 系列网游盗号者"病毒，它在运行后通常会将自身属性设为隐藏的系统文件，并悄悄改写注册表项，从而随系统实现自启动。"网游盗号者"一旦运行，便自动查找是否存在游戏进程，进而注入到游戏进程中，记录受害者输入的账号密码，并发送到指定的邮箱。运行完毕之后，它们还会自我毁灭，逃避安全软件的查杀。此病毒在我国累计的感染者已达数千万。

（2）蠕虫病毒。顾名思义，蠕虫病毒就是像蠕虫一样"寄生"在宿主电脑上进行传播的计算机病毒。它的传染机理是利用网络进行复制和传播，传染途径是网络和电子邮件。与木马病毒不同，蠕虫病毒可自我复制，并且以破坏宿主电脑资料和计算机网络为目的。

世界性的第一个大规模在互联网上传播的网络蠕虫病毒是 1998 年年底出现的 Happy99 网络蠕虫病毒。当用户在网上向外发出邮件时，Happy99 网络蠕虫病毒会顶替邮件或随邮件从网上跑到用户发信的目的地，到了 1999 年 1 月 1 日，收件人一打开邮件，在屏幕上便会不断出现绚丽多彩的礼花，而计算机则不再工作了。

国内著名的"熊猫烧香"病毒也曾带来很大的危害。该病毒的编写者是自学电脑技术成才的武汉人李俊，因求职屡次遭拒，于是编写了"熊猫烧香"病毒，并通过网络贩卖获利 10 万余元。中此病毒的用户系统中，所有 .exe 可执行文件全部被改成熊猫举着 3 根香的模样，如图 1-33 所示，硬盘数据被大量破坏。

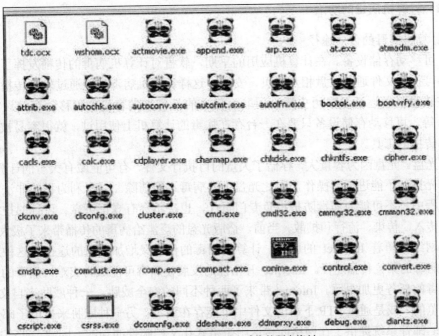

图 1-33 被"熊猫烧香"感染的硬盘资料

（3）后门病毒。在软件的开发阶段，程序员常常会在软件内创建后门程序以便可以修改程序设计中的缺陷。但是，如果这些后门被其他人知道，或是在发布软件之前没有删除后门程序，那么它就成了安全风险，容易被黑客当成漏洞进行攻击。

后门程序和木马病毒有联系也有区别，联系在于它们都是隐藏在用户系统中向外发送信息，而且本身具有一定权限，以便远程机器对本机进行控制；区别在于木马是一个完整的软件，而后门程序则体积较小，且功能都很单一，后门程序一般带有"backdoor"字样，而木马病毒一般则带有"trojan"字样。

（4）恶意程序。一些免费下载使用的软件，会篡改一些用户的系统配制，如修改用户的浏览器首页，自动弹出广告页面等。这些软件轻则给用户的正常使用带来不便，重则留下后门造成黑客攻击。

其他病毒还包括"宏病毒"、"网页脚本病毒"、"引导区病毒"等。

3．计算机病毒的特点

目前所发现的计算机病毒，概括起来有以下几个特点。

（1）破坏性。凡是由软件手段能触及到计算机资源的地方，均可能受到计算机病毒的破坏。其表现为长时间占用 CPU 和内存，从而造成进程堵塞；对数据或文件进行破坏；打乱屏幕的显示等。

（2）隐蔽性。计算机病毒程序大多隐藏在正常程序中，很难被发现。

（3）潜伏性。计算机病毒侵入后，一般不立即活动，需要等一段时间，只有在满足其特定条件后才启动其表现模块，显示发作信息或进行系统破坏。

（4）传染性。对于绝大多数计算机病毒来讲，传染是一个重要的特性。它通过修改别的程序，将自身的拷贝包括进去，从而达到扩散的目的。

1.7.2 计算机病毒的防治

1．计算机病毒的传播途径

（1）可移动存储设备。在计算机应用的早期，软盘对计算机病毒的传播发挥了巨大的作用，许多可执行文件通过软盘相互拷贝、安装，这样计算机病毒就能通过软盘传播文件型病毒。现在软盘已经逐渐退出历史舞台，取而代之的是各类大容量的可移动存储设备，如优盘、MP3等，可移动存储设备只要在一台存在病毒的计算机上使用过，就很容易被感染，并成为病毒传播的工具。

（2）光盘。光盘因为容量大，存储了大量的可执行文件，有可能藏有大量的计算机病毒。对只读式光盘，不能进行写操作，因此光盘上的病毒不能清除。以牟利为目的非法盗版软件的制作过程中，不可能为病毒防护担负专门责任，也决不会有真正可靠、可行的技术保障避免病毒的传入、传染、流行和扩散。当前，盗版光盘的泛滥给病毒的传播带来了极大的便利。

（3）网络。随着 Internet 的风靡，计算机病毒的传播又增加了新的途径，这种途径将成为计算机病毒的第一传播途径。Internet 开拓性的发展使病毒可能成为灾难，病毒的传播更迅速，反病毒的任务更加艰巨。Internet 带来了两种不同的安全威胁，一种威胁来自文件下载，这些被浏览的，或是通过 FTP 下载的文件中可能存在病毒；另一种威胁来自电子邮件，大多数 Internet 邮件系统提供了在网络间传送附带格式化文档邮件的功能，因此，带有病毒的文档或文件就可能通过网关和邮件服务器涌入企业网络。网络使用的简易性和开放性使得这种威胁越来越严重。

2．病毒的防治

要防治计算机病毒须做到"三防三打"。

三防。

● 防邮件病毒，用户收到邮件时首先要进行病毒扫描，不要随意打开电子邮件里携带的附件；

● 防木马病毒，木马病毒一般是通过恶意网站散播，用户从网上下载任何文件后，一定要先进行病毒扫描，再运行；

● 防止重要资料损坏被盗，计算机上的重要资料一定要另外备份，这样即使感染上病毒也不会有大的损失。要避免在网上输入重要资料，如用银行卡交易的时候，尽量不要通过键盘输入卡号和密码。正规的银行网站都是通过鼠标单击输入个人信息，这样资料就不易被盗取。

三打。

● 打系统补丁，我们常用的 Windows 操作系统存在很多的系统漏洞，震荡波一类的恶性蠕虫病毒一般都是通过系统漏洞传播的，及时升级打补丁就可以防止此类病毒感染；

● 打开杀毒软件实时监控，因为病毒可以通过网络随时入侵用户的电脑，所以用户应该在系统启动完之后就打开杀毒软件的实时监控，随时消灭入侵的病毒；

● 打开个人防火墙：实时监控是病毒已经侵入本机后进行查杀，防火墙是在病毒入侵之前报警并抵御入侵，防火墙可以隔绝病毒跟外界的联系，防止木马病毒盗窃资料，防火墙的设置如图 1-34 所示。

计算机病毒并不可怕，只要认清病毒的特点和传播途径，做到"三防三打"，就可以把病毒带来的损失降到最小。

图 1-34　防火墙设置

1.8　计算机的基本操作

正确操作使用计算机对于用户来说是非常重要的，如果操作不当，很容易造成数据丢失，并造成计算机硬件的损坏。所以用户在使用计算机之前应掌握基本的操作知识。

1.8.1　开机与关机

1．开机

计算机的开机就是启动计算机，进入操作系统的过程，也可称为启动，计算机的启动一般分为 3 种方式。

（1）冷启动。在计算机的机箱面板上有一个电源按钮，按下之后即进入冷启动过程。

这个过程中，计算机首先监测硬件是否正常，包括各个硬件的检测、配置、初始化等。如果发生错误，则会提示错误或中断启动，用户可通过报警声音的长短和画面提示，来判断何种错误。自检通过之后，计算机将进入操作系统，用户就可以正常使用计算机了。

开机时要注意的是，先打开外设（如显示器）的电源，再冷启动。当外设打开时，会在计算机相关的连接设备（例如显卡、打印口）上产生电信号的跳变，从而造成冲击危害。先开外设再开主机的做法，会将这种危害降到较低的水平。

（2）热启动。在操作的过程中，计算机有时会因为操作不当或运行的程序出错进入"死机"

状态，"死机"时用户无法对计算机进行操作。此时，可以采用热启动来使计算机回到正常状态。热启动的方法是按键盘上的［Ctrl+Alt+Del］组合键，在弹出的对话框中选择"重新启动"。

（3）复位启动。如果用热启动的方法，计算机仍然处于"死机"状态，可直接按机箱面板上的复位（reset）按钮，使计算机重新启动开机自检过程，进入操作系统。

2．关机

关闭计算机时要注意不能直接按机箱上的电源按钮，这样容易造成数据的丢失，甚至引起操作系统的崩溃。关机前应当退出所有已打开的应用程序，使用操作系统中的关机命令来关闭计算机。

1.8.2　键盘与鼠标的使用

1．键盘

键盘是计算机最常用的输入设备之一，计算机程序及数据的输入都需要通过键盘来进行操作。计算机中常用的键盘有 101、104、107 键等，使用最普遍的是 104 个键的键盘，如图 1-35 所示。

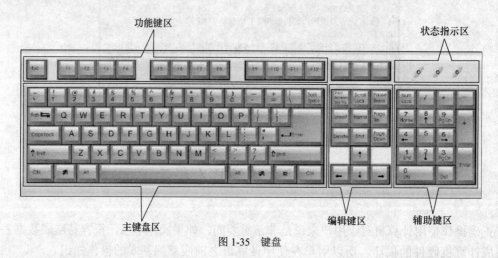

图 1-35　键盘

（1）功能键区。功能键区包含[F1]～[F12]及[ESC]，共 13 个功能键，每个键在不同的软件系统下都可以完成独立的功能，如[F1]一般设定为帮助键，当用户使用某软件时可以通过按[F1]键来查看软件的帮助信息。

（2）主键盘区。主键盘区包含字母、数字、符号键及一些特定功能键，通过主键盘区可以实现各种文字的输入。特定功能键的作用如下。

* [Tab]：制表键，该键用来将光标向右跳动 8 个字符间隔，也可用于表单焦点转换。
* [Caps Lock]：大写字母锁定键，该键是一个开关键，用来转换字母大小写状态。按下[Caps Lock]键后，状态指示区的[Caps Lock]灯亮，此时输入的是大写字母，灯灭时输入的是小写字母。
* [Shift]：换档键，如按下该键同时按下[2]键，则输出字符"@"。
* [Ctrl]：控制键，该键必须和其他键配合才能实现各种功能，这些功能是在操作系统或其他应用软件中进行设定的。
* [Alt]：转换键，该键要与其他键配合起来使用。
* [Enter]：回车键，在输入文字的时候，按下回车键表示换行。

- [Backspace]：退格删除键，每按一次该键，将删除当前光标位置的前一个字符。

（3）编辑键区。编辑键区包含 13 个键，在使用计算机编辑时，利用这些键可完成编辑功能，编辑键的作用如下。

- [Insert]或[Ins]：插入字符开关键，按一次该键，进入字符插入状态；再按一次，则取消字符插入状态。按此键也可切换写代码时是否是只读。
- [Delete]或[Del]：字符删除键，删除被选择的项目，如果是文件，将被放入回收站，如果按住[Shift]键的同时，再按[Del]键则直接删除。
- [Home]：行首键，按一次该键，光标会移至当前行的开头位置。
- [End]：行尾键，按一次该键，光标会移至当前行的末尾。
- [PageUp]或[PgUp]：向上翻页键，用于浏览当前屏幕显示的上一页内容。
- [PageDown]或[PgDn]：向下翻页键，用于浏览当前屏幕显示的下一页内容。
- →、←、↑、↓：光标键，通过光标键可移动光标在屏幕上的位置。
- [Print Screen]：屏幕硬拷贝键，在 DOS 环境下，其功能是打印整个屏幕信息，在 Windows 环境下，其功能是把屏幕的显示作为图形存到内存中，以供处理。
- [Scroll Lock]：屏幕滚动显示锁定键，该键在 DOS 时期用处很大，由于当时显示技术限制了屏幕只能显示宽 80 个字符、长 25 行的文字，在阅读文档时，使用该键能非常方便地翻滚页面。
- [Pause/Break]：暂停键，用以暂停程序或命令的执行。例如，启动电脑时按下此键，可以查看 POST 开机自检信息。

（4）辅助键区。辅助键区也称数字小键盘区，功能和主键盘区及编辑区的某些键是相同的。设置数字小键盘区是为了方便输入数字。当按下[Num Lock]键后，状态指示区的[Num Lock]指示灯亮，表示数字键盘区已激活，这时就可以用数字小键盘输入数字了。再次按下[Num Lock]键，指示灯灭，则小键盘区不能使用。

2．键盘操作的基本方法

（1）坐姿。开始打字前一定要端正坐姿。如果坐姿不正确，不仅会影响打字速度，还会产生疲劳，长久使用不正确的坐姿会导致腰部、颈椎、手腕等部位出现病变。

打字时两脚应当平放，座椅高度以手臂与键盘平行为适度。腰部挺直，双臂自然下垂，两肘贴于腋边，手腕放松，身体可略微倾斜，离键盘距离为 20～30cm，打字时眼睛看文稿采用盲打（不看键盘）。

（2）打字方法。打字时，手指按照图 1-36 所示的分工放在基本键位上，大拇指放在空格键上。

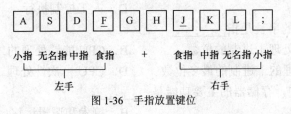

图 1-36　手指放置键位

每个手指按图 1-37 所示负责不同的键位区，击打相应的键位之后手指再回到基本键位上，打字时应当熟记键盘各个字符的位置，养成不看键盘输入的习惯，做到手、脑、眼协调一致。开始练习时即使速度会很慢也要保证准确性，只要持之以恒地坚持下去，一定能达到要求。

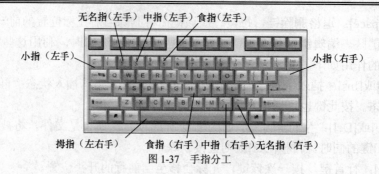

图 1-37　手指分工

3．鼠标的使用方法

（1）鼠标的握姿。手握鼠标，不要太紧，就像把手放在自己的膝盖上一样，使鼠标的后半部分恰好在掌下，食指和中指分别轻放在左、右按键上，拇指和无名指轻夹两侧。

（2）移动鼠标。在鼠标垫或者桌面上移动鼠标，显示屏上的光标会随着鼠标一起移动，光标移动的距离取决于鼠标移动的距离（可在操作系统中设置距离），这样即可通过鼠标来控制显示屏上光标的位置。

（3）鼠标的其他操作。

- 单击：不要移动鼠标，用食指按一下鼠标左键，马上松开。
- 双击：不要移动鼠标，用食指快速地连续按两下鼠标左键，马上松开。
- 右击：不要移动鼠标，用中指按一下鼠标右键，马上松开。
- 拖动：先移动光标到移动对象，用食指按住鼠标左键不动，通过移动鼠标，将对象拖动某位置，再松开鼠标左键。

1.9　课 后 习 题

选择题

1．2010 年 1 月，苹果公司发布了最新款的平板电脑 iPad，提供浏览互联网、收发电子邮件、观看电子书、播放音频或视频等功能。iPad 属于＿＿＿＿＿＿。

A．单片机　　　　　　B．小型机　　　　　　C．微型机　　　　　　D．工作站

2．冯·诺依曼计算机的工作原理是＿＿＿＿＿＿。

A．存储并自动执行程序　　　　　　B．进行算术运算

C．进行逻辑运算　　　　　　　　　D．人工控制执行

3．计算机 CPU 的字长是指＿＿＿＿＿＿。

A．CPU 一次性处理十进制的位数　　B．CPU 能够处理的二进制的最多位数

C．CPU 能够处理的十进制的最多位数　D．CPU 一次性处理二进制的位数

4．微型计算机中，存储器的主要功能是＿＿＿＿＿＿。

A．程序执行　　　　　　　　　　　B．算术和逻辑运算

C．信息存储　　　　　　　　　　　D．人机交互

5．下列哪个后缀名不属于音频文件＿＿＿＿＿＿。

A．WAV　　　　　　B．MP3　　　　　　C．RMVB　　　　　　D．ape

6. 下列软件哪个不属于下载工具_____。

A. 迅雷　　　　　　　B. 暴风影音　　　　C. 网际快车　　　　D. 比特彗星

7. 小强购买了一个容量为 1TB 的硬盘做数据存储，如果一个文档的大小为 200KB，请问能存放同样大小的文档_____个。

A. 5 000 000　　　　　B. 500 000　　　　　C. 50 000　　　　　D. 5 000

8. 下列计算机硬件中，哪个既能够用作输入设备，又可以当成输出设备_____。

A. 显示器　　　　　　B. 扫描仪　　　　　C. 只读光驱　　　　D. 优盘

9. 关于计算机 CMOS 的描述，错误的是_____。

A. 不能通过 CMOS 设置，改变计算机的启动顺序

B. 计算机断电后，CMOS 信息不会丢失

C. 可通过拔掉主板电池来取消 CMOS 密码

D. CMOS 里可进行 CPU 超频设置

10. 计算机"死机"的时候，CPU 一般处于_____状态。

A. 罢工　　　　　　　B. 运行不正常　　　C. 自检　　　　　　D. 超频

11. 微机使用的是二进制，1K 字节代表_____位二进制。

A. 1000　　　　　　　B. 1024　　　　　　C. 8 × 1000　　　　D. 8 × 1024

12. 将二进制数 10000001 转换为十进制数应该是_____。

A. 127　　　　　　　　B. 129　　　　　　　C. 126　　　　　　D. 128

13. 将十进制的整数化为二进制整数的方法是_____。

A. 乘以二取整法　　　B. 除以二取整法　　C. 乘以二取余法　　D. 除以二取余法

14. 十六进制数"BD"转换为等值的八进制数是_____。

A. 274　　　　　　　　B. 275　　　　　　　C. 254　　　　　　D. 264

15. 用一个字节表示无符号整数，能表示的最大数是_____。

A. 无穷大　　　　　　B. 128　　　　　　　C. 256　　　　　　D. 255

16. 下列不同进制的 4 个数中，最大的一个数是_____。

A. 1010011B　　　　　B. 557Q　　　　　　C. 512D　　　　　　D. 1FFH

17. 在微机上用汉语拼音输入"中国"二字，键入"zhongguo"8 个字符。那么，"中国"这两个汉字的内码所占用的字节数是_____。

A. 2　　　　　　　　　B. 4　　　　　　　　C. 8　　　　　　　D. 16

18. 下列字符中，ASCII 码值最大的是_____。

A. Y　　　　　　　　　B. y　　　　　　　　C. A　　　　　　　D. a

19. 蠕虫病毒攻击网络的主要方式是_____。

A. 窃取账号密码　　　B. 修改网页　　　　C. 造成拒绝服务　　D. 删除文件

20. PCWORLD 评出的 2010 全球 10 大杀毒软件中不包括下列哪个软件_____。

A. 卡巴斯基　　　　　B. 熊猫卫士　　　　C. 瑞星　　　　　　D. 麦咖

第2章

计算机网络的基本操作

2.1 Internet 概述

计算机网络的应用已经深入到人类社会活动的各个层面，在一定意义上，网络技术的普及和应用水平，代表了一个地区或团体，乃至一个国家的现代化科技应用水平。计算机网络技术使人们的生活发生了巨大的变化，信息交流速度加快，极大推动了生产力的发展。如何正确使用计算机网络，从网络中获得有益的资源，是每一个计算机网络使用者应该掌握的基本技能。通过本章的学习，我们将掌握计算机网络和 Internet 的基本特征、浏览器和搜索引擎的正确使用方法、电子邮件的使用方法、基本的网络防病毒方法以及无线网络的应用方法。

一般来说，将分散的多台计算机、终端和外部设备用通信线路互连起来，彼此间按照某种协议，实现互相通信，并且计算机的硬件、软件和数据资源都可以共同使用，实现资源共享的整个系统就叫做计算机网络。

这里说的网络有以下几个特征。

- 连入网上的每台计算机本身都是一台完整、独立的设备。它自己可以独立工作，如可以对它进行启动、运行和停机等操作。
- 计算机之间可以用双绞线、电话线、同轴电缆和光纤等介质进行有线通信，也可以使用微波、卫星等无线媒体把它们连接起来。
- 可以通过网络去使用网络上的另外一台计算机或共享资源。
- 安装统一的协议，因为不同类型的计算机通信，需要遵循共同的规则和约定。在计算机网络中，双方需共同遵守的规则和约定就叫做计算机网络协议，由它解释、协调和管理计算机之间的通信和相互间的操作。

2.1.1 Internet 的发展

自 1969 年美国国防部高级研究计划署（ARPA）建立 ARPANet（ARPANet 最初只包括 4 个站点）至今已有 40 多年的历史。计算机技术和通信技术的发展及相互渗透结合，促进了计算机网络的诞生和发展。通信领域利用计算机技术，可以提高通信系统性能。通信技术的发展又为计算机之间快速传输信息提供了必要的通信手段。现在人们普遍使用的 Internet 只是计算机网络的一种结构，因为它具有全球资源共享的特点，目前已经成为网络应用非常重要的技术。

根据中国互联网络信息中心（CNNIC）报告透露，截至 2009 年 12 月，中国网民数已增至 3.84 亿人，比 2007 年的 2.1 亿人增加了超过 1.7 亿，其中包括宽带网民数 3.46 亿人，甚至超过了美国的人口总数。另外，手机网民数达到 1.55 亿，是 2007 年的 5 040 万人的 3 倍。中国网民数增长迅速，平均每天增加网民近 20 万人。

Internet 的迅速崛起，引起了全世界的瞩目，我国也非常重视信息基础设施的建设，注重与 Internet 的连接。目前，已经建成和正在建设的信息网络，正对我国科技、经济、社会的发展以及与国际社会的信息交流产生着深远的影响。

2.1.2　Internet 的应用

传统意义上，Internet 提供的主要服务有万维网（WWW）、文件传输协议（FTP）、电子邮件（E-mail）、远程登录（Telnet）等。

WWW 是以超文本标记语言（Hyper Text Markup Language，HTML）与超文本传输协议（Hyper Text Transfer Protocol，HTTP）为基础，能够提供面向 Internet 服务的，用户界面一致的信息浏览系统。其中 WWW 服务器采用超文本链路来链接信息页，这些信息页既可放置在同一主机上，也可放置在不同地理位置的主机上。链路由统一资源定位器（URL）维持。WWW 客户端软件（即 WWW 浏览器）负责信息显示，并向服务器发送请求，它已经成为 Internet 上应用最广和最有前途的访问工具，并在商业范围内发挥着越来越重要的作用。目前，比较流行的浏览器软件主要有 Microsoft Internet Explorer、Mozilla Firefox 等，他们针对不同用户群开发出不同的应用方式，用户可根据自己的需要选择。

WWW 浏览提供界面友好的信息查询接口，用户只需提出查询要求，就能得到相应的结果。至于到什么地方查询、如何查询则由 WWW 自动完成。因此，WWW 为用户带来的是世界范围的超级文本服务。用户只要操纵鼠标，就可以通过 Internet 从全世界任何地方调来所需的文本、图像、声音等信息。WWW 使得非常复杂的 Internet 使用起来异常简单。

WWW 浏览器不仅为用户打开了寻找 Internet 上内容丰富、形式多样的主页信息资源的便捷途径，如图 2-1 所示，而且提供了电子公告板（BBS，俗称论坛）、电子邮件与 FTP 等功能强大的通信手段。

图 2-1　一个典型的网站首页

电子邮件应用将在后续章节中详细介绍。

2.1.3 Internet 地址和域名

1. IP 地址

1973 年 9 月，在美国召开了"国际网络工作小组"特别会议。在这次会议上，Vinton Cerf 和 Bob Kahn 提交了第一份关于 Internet 最初设想的协议草稿。之后，二人正式发表了 TCP/IP（传输控制协议/Internet 协议），网络上信息传输统一按照这一标准，几乎可以在互联网上传输任何文件。

1974 年，美国国防部决定向全世界无条件地免费提供 TCP/IP，即向全世界公布解决计算机网络之间通信的核心技术，TCP/IP 核心技术的公开，最终导致了 Internet 的大发展。

在这个协议组里的 IP（Internet 协议），要求参加 Internet 的每个节点要有一个统一规定格式的地址，这个地址称为符合 IP 的地址，缩称为 IP 地址，类似于身份证号码。在 Internet 上，每个网络和每一台计算机都被唯一分配一个 IP 地址，这个 IP 地址在整个网络（Internet）中是唯一的。在 Internet 上通信必须有一个 32bit 的二进制地址，采用这种 32bit 的通用地址格式，才能保证 Internet 成为向全世界开放的、可互操作的通信系统。IP 地址是全球认可的计算机网络标识方法，通过这种方法，才能正确标识信息的收与发。在 Internet 上，任何一台服务器和路由器的每一个端口都必须有一个 IP 地址。IP 地址是运行 TCP/IP 的唯一标识符，任何网络要与 Internet 挂联，只要支持 TCP/IP，有合法 IP 地址就可以了。

某个网络上的两台计算机之间在相互通信时，在它们所传送的数据包里都会含有某些附加信息，这些附加信息就是发送数据的计算机的地址和接收数据的计算机的地址，也就是每台机器的 IP 地址。

例如，某台计算机的 IP 地址为

11010010 01001001 10001100 00000010

很明显，这些数字对于人来说不太好记忆。因此 Internet 管理委员会决定采用一种"点分十进制表示法"表示 IP 地址，就是将组成计算机的 IP 地址的 32bit 二进制数分成 4 段，每段 8bit，中间用小数点隔开，然后将每 8bit 二进制数转换成十进制数，这样，上述计算机的 IP 地址就变成了 210.73.140.2。

目前使用的 IPv4 规定 IP 地址采用 32bit 地址长度，只有大约 43 亿个地址，估计在 2005～2010 年将被分配完毕，而新一代协议 IPv6 采用 128bit 地址长度，几乎可以不受限制地提供地址。按保守方法估算，使用 IPv6，整个地球每 m^2 面积上可分配 1000 多个地址。IPv6 的主要优势体现在以下几个方面：扩大地址空间，提高网络的整体吞吐量，改善服务质量（QoS），安全性更有保证，支持即插即用和移动性，能更好地实现多播功能。

2. 域名

要想直接记住一个网站的 IP 地址，然后访问它，肯定是一件非常困难的事情，域名技术很好地解决了这个问题。

域名就是人们常说的"网址"。

打开一个浏览器窗口，在地址栏中输入"www.aepu.com.cn"，就可以方便地访问安徽电气工程职业技术学院的主页了，而不必输入它真正的 IP 地址。这个与网络上的数字型 IP 地址相对应的字符型地址，就被称为域名。因为域名最终指向 IP 地址，所以专门有域名解析服务器负责域名和 IP 地址之间的转换。

2.1.4　连入 Internet 的方式

连入 Internet，也就是通过特定的数据传输模式，利用相应的软、硬件、技术，完成用户与广域网的物理连接，以实现 Internet 的应用。

Internet 的接入方式有很多，如果从连接所采用的介质来分，可以分为有线接入和无线接入。下面简单介绍几种常用的有线接入方式，无线接入方式在后续章节中有详细介绍。

1．电话线拨号

公用电话交换网（Published Switched Telephone Network，PSTN）技术，属于连接速率低于 56kbit/s 的窄带接入方式，利用当地运营商提供的接入号码，通过电话线拨号接入 Internet。电话线拨号的特点是使用方便，只需有效的电话线和调制解调器（Modem，功能为数字信号与模拟信号的转换）就可完成接入，上网时同线路电话无法使用。

这种方式由于传输速率比较低，无法满足现在网络多媒体信息的传输要求，但由于电话网非常普及，用户终端设备 Modem 很便宜，至今仍是网络接入的一种手段。

2．ISDN 拨号

综合业务数字网（Integrated Service Digital Network，ISDN）接入技术，不会影响同一条线路电话的使用，俗称"一线通"。它采用数字传输和数字交换技术，将电话、传真、数据、图像等多种业务综合在一个统一的数字网络中进行传输和处理。ISDN 的极限带宽为 128kbit/s，在传输速率上也不是太理想。

3．DDN 专线

数字数据网（Digital Data Network，DDN）是随着数据通信业务发展而迅速发展起来的一种网络。DDN 的主干网传输媒介有光纤、数字微波、卫星信道等，用户端多使用普通电缆和双绞线。DDN 将数字通信技术、计算机技术、光纤通信技术以及数字交叉连接技术有机地结合在一起，提供了高速度、高质量的通信环境，为用户传输数据、图像、语音等信息。DDN 的通信速率可根据用户需要在 $N \times 64$kbit/s（$N = 1 \sim 32$）之间进行选择。

租用 DDN 业务需要申请开户。DDN 的租用费较贵，主要面向集团公司等需要综合运用的单位。DDN 不同的速率带宽收费也不同。

4．ADSL

非对称数字用户环路（Asymmetrical Digital Subscriber Line，ADSL）是一种能够通过普通电话线提供宽带数据业务的技术，也是目前家庭常用的一种接入技术。ADSL 具有下行速率高、频带宽、性能优、安装方便、不需另外交纳电话费等特点，成为家庭上网的常用方式。ADSL 可以利用普通铜质电话线作为传输介质，配上专用的 Modem 即可实现数据高速率传输。ADSL 支持上行速率 640kbit/s～1Mbit/s，下行速率 1Mbit/s～8Mbit/s，其有效的传输距离在 3～5km 范围以内。在 ADSL 接入方案中，每个用户都有单独的一条线路与 ADSL 局端相连，它的结构可以看做是星形结构，数据传输带宽是由每一个用户独享的，如图 2-2 所示。

由于大量的普通用户和 Internet 的信息交互数据流量是不对称的，如网络视频点播，需要少量的确认信息上行，而需要大量视频信息下行，ADSL 在这方面的优势特别明显，而且 ADSL 基于普通双绞线，无需另外布线，用户可以通过包带宽的方式无限上网，目前应用相当普遍。

5．VDSL

甚高速数字用户环路（Very-high-bit-rate Digital Subscriber Loop，VDSL）简单地说就是

ADSL 的快速版本。VDSL 使用的介质是一对铜线，有效传输距离可超过 1 000m。

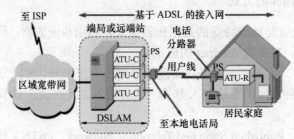

图 2-2   ADSL 结构示意图

6．Cable-Modem 接入

线缆调制解调器（Cable-Modem）是近年开始试用的一种超高速 Modem，它利用现成的有线电视（CATV）网进行数据传输，是比较成熟的一种技术。随着有线电视网的发展壮大，通过 Cable Modem，利用有线电视网访问 Internet，已成为越来越普遍的一种高速接入方式。

由于有线电视网采用的是模拟传输协议，因此网络需要用一个 Modem 来协助完成数字数据的转化。采用 Cable-Modem 上网的缺点是网络用户共同分享有限带宽，如果线路上用户比较多，就会影响传输速率。另外，购买 Cable-Modem 和初装费较高，这些都阻碍了Cable-Modem 接入方式在国内的普及。

7．PON 无源光纤网络接入

无源光纤网络（Passive Optical Network，PON）技术是一种点对多点的光纤传输和接入技术，下行采用广播方式，上行采用时分多址方式，可以灵活地组成树形、星形、总线型等拓扑结构，在光分支点不需要节点设备，只需要安装一个简单的光分支器即可，具有节省光缆资源、带宽资源共享、节省机房投资、设备安全性高、建网速度快、综合建网成本低等优点，可以很好解决入户的速度瓶颈，目前在国内还是发展初期。

8．FTTx+LAN 接入

光纤接入（Fiber-to-the-x，FTTx）+局域网（Local Area Network，LAN）方式接入是利用以太网技术，采用光缆加双绞线的方式，对一定区域实现综合布线，用户的计算机通过双绞线或者光缆，经过局域网接入 Internet，上网速率可达 10Mbit/s，网络可扩展性强，投资规模小。FTTx＋LAN 方式采用星形网络拓扑结构，用户共享带宽。

目前单位、小区和网吧通过这种技术接入 Internet 的应用比较普遍。

以上所列举的 8 种接入技术，加上区域多点传输服务（Local Multipoint Distribution Services，LMDS）的无线接入，一般被称为目前 9 种常用的 Internet 接入技术。而 ADSL 和 FTTx+LAN接入是经常能接触到的接入技术。

2.2   计算机网络安装与安全设置

前面介绍了很多关于接入 Internet 的基本知识，要想访问到 Internet 精彩纷呈的信息，学习和了解计算机网络安装与安全设置方面的知识是非常重要的。

2.2.1 计算机网络安装与测试

任务 2-1：查看本机网络设置，尝试接入 Internet。

情境：王小强应聘到公司有段日子了，一直在做一些文书工作，整天打印文稿，复印资料，做一些杂务，由于他勤快踏实，也很快得到了大家的认同。一天刚上班，经理把他叫到办公室，告诉他自己的计算机无法上网了，请王小强帮忙检查一下。王小强马上投入到了检修工作中。

分析：对于一般公司里的网络，通常以 LAN（局域网）为架构，接入 Internet 的技术采用 ADSL 或者 FTTx+LAN 接入方式的比较常见。对于平时能上网的计算机，突然无法正常上网，应该从硬件和软件两个方面进行检修调试。现在经理的计算机无法正常上网，公司其他机器能正常上网，故障范围可以基本上确定在连接线路和计算机故障上。

检修过程：

（1）先查看连接本机最近的交换机的相应接口和机器背部网线端子接入点是否正常。连接正常的交换机相应端口和机器背部网卡都应该亮有绿色指示灯，并且间或闪动表示有数据传输，如果出现异常，说明连接松动或者连接端的 RJ45 头（俗称水晶头）故障，需要重新更换插头。

小强仔细检查这两个端口，发现工作正常，就在计算机前端坐下来，开始检查机器本身的软硬件故障。

（2）在桌面右下角的任务栏中有一个计算机联网的图标，如果是连接松动，或者物理连接断路，这个图标上会有红色的小叉出现，并会出现提示消息，如图 2-3 所示。如果是路由器端故障，则图标上会出现黄色惊叹号，并有"受限制或无连接"的提示。

图 2-3 网卡上接头松动或者损坏

经理计算机桌面上网络连接的图标显示正常，小强熟练地拿起鼠标，鼠标右键单击"我的电脑"图标，单击"属性"，进入"系统属性"对话框，如图 2-4 所示。

在"系统属性"对话框中，单击"硬件"选项卡，再单击"设备管理器"按钮，弹出"设置管理器"窗口，如图 2-5 所示。

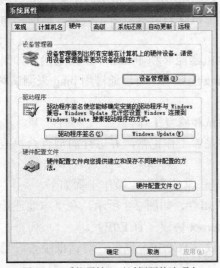

图 2-4 "系统属性"对话框硬件选项卡

图 2-5 "设备管理器"窗口中查看网卡属性

在设备管理器窗口中，查看网络适配器选项。如图 2-6 所示，说明网络适配器（网卡）工作正常，如果在网络适配器选项上出现黄色惊叹号，说明网卡工作不正常，需要重新安装驱动程序，或者网络适配器出现硬件故障。

图 2-6 "运行"对话框

（3）到目前为止，硬件故障基本排除了，小强开始检查软件问题。

单击"开始"菜单，单击"运行"菜单项，在出现的"运行"对话框中输入"cmd"。

命令提示符（cmd，command）是在 Windows 平台为基础的操作系统（包括 Windows 2000、Windows XP、Windows Vista 和 Windows Server 2003）下的"MS-DOS 方式"，可以通过此方式，使用一些命令，进行系统设置与检测。单击"确定"按钮后，会弹出如图 2-7 所示的命令提示窗口，在闪动的光标后输入"ping www.aepu.com.cn"，按 Enter（回车）键确认。

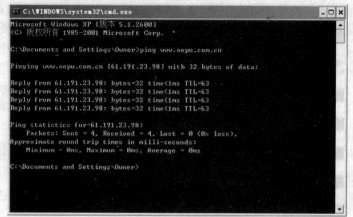

图 2-7 CMD（命令提示）窗口

ping 命令是 Windows 95/98/NT 中集成的一个专用于 TCP/IP 的探测工具，是测试网络连接状况以及信息包发送和接收状况非常有用的工具，是网络测试最常用的命令。ping 向目标主机（地址）发送一个回送请求数据包，要求目标主机收到请求后给予答复，从而判断网络的响应时间和本机是否与目标主机（地址）连通。

如果出现如图 2-7 所示的显示，表示目前这台机器能够和 Internet 正常连接。如果出现"request timed out"的话，说明机器无法正常访问 ping 的域名，可以通过用 ping 来测试网关、域名服务器和具体域名的连接情况。

（4）由于连网不畅的原因很多，小强继续着测试和修复工作。

首先，检查经理机器上杀毒软件和防火墙软件是否工作正常，并进行病毒查杀。因为有些蠕虫病毒（见 1.7.1 小节）会导致无法正常上网。

（5）其次，检查 Internet 协议（TCP/IP）是否是正常的配置。操作步骤如下。

① 在"网上邻居"的属性中查看"本地连接"属性，如图 2-8 所示，在"本地连接"属性中的"此连接使用下列项目"列表框中选择"Internet 协议（TCP/IP）"。

② 单击"属性"按钮，在出现的"Internet 协议（TCP/IP）属性"对话框中查看当前主机的 IP 地址和子网掩码。

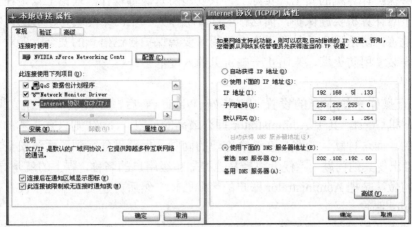

图 2-8　TCP/IP 属性

　　IP 地址、子网掩码、默认网关和 DNS 服务参数都可以通过 ISP（Internet 服务商）获得，默认网关一般是路由，或者代理服务器的 IP，负责网络之间的数据转发。

　　子网掩码的作用就是和 IP 地址进行与运算后得出网络地址，子网掩码也是 32bit，并且是由一串连续的 1 后跟随一串连续的 0 组成，其中 1 表示在 IP 地址中的网络号对应的位数，而 0 表示在 IP 地址中主机对应的位数。用子网掩码和 IP 地址进行"与"运算，就能得出 IP 地址所属的网络号。

　　DNS 是域名系统（Domain Name System）的缩写，当用户在应用程序中输入 DNS 名称时，DNS 服务可以将此名称解析为与之相关的其他信息，如 IP 地址。

　　根据小强对本公司网络的了解，公司的局域网通过 DHCP 服务器，自动分配上网的 IP 地址，而经理的 Internet 协议（TCP/IP）属性显示为"使用下面的 IP 地址"，会不会是这个方面出了问题了呢？

　　动态主机设置协议（Dynamic Host Configuration Protocol，DHCP）是一个局域网的网络协议，使用 UDP 工作，主要用途是，给内部网络或网络服务供应商自动分配 IP 地址，可以作为内部网络管理员对所有计算机做中央管理的手段。可以在服务器上设定自动分配的方案，并可以对网络使用情况做集中管理。经理的机器使用了指定的 IP 地址，如果不是特殊用户，那么可能是协议设置错误导致无法上网。经过询问得知，前一天下午下班前，经理的机器进行了硬件的升级，可能是维修人员出于测试的目的，改动了部分设置。小强在 Internet 协议（TCP/IP）属性中选择了自动获得 IP 地址，并确定生效，任务栏提示"本地连接现已连接，速度 100M"。

　　至此，小强完成了一次对计算机上网检测设置的实战。

　　任务 2-2：网络的安全设置。

　　情境：经理对王小强很快解决了计算机上网的问题非常满意，提出希望小强继续检测一下机器，看看有没有安全方面的问题需要注意。

　　分析：计算机的安全分为计算机本身的安全和网络的安全。计算机网络的安全设置可以分为两个部分，一个是操作系统本身的设置和监控，另一部分是借助第三方软件，如防杀病毒的软件或者网络防火墙，对计算机进行网络安全设置。一般的用户以为只要安装了防杀病毒软件就能够保护计算机的安全，实际上，只安装防杀病毒软件，理论上只是在无病毒攻击的安全情况下对计算机实施保护，而这样的计算机作为一个网络终端是不够的，特别是对于黑客入侵的危害，防杀病毒软件几乎没有作用。要想保护自己信息的安全，要对系统本身进行设置，并安装使用防火墙，来阻止一些常见的入侵危害。

设置过程：

（1）检查操作系统本身的设置。安装好 Windows 后，系统会自动建立两个账户：Administrator 和 Guest，其中 Administrator 拥有最高的权限，Guest 则只有基本的权限，并且默认是禁用的。而这种默认的账户在带来方便的同时，也严重危害到了系统安全。如果有黑客入侵，或者出现其他问题，入侵者将轻易地得知超级用户的名称，剩下的就是寻找密码了。因此，安全的做法是把 Administrator 账户的名称改掉，然后再建立一个几乎没有任何权限的假 Administrator 账户。

王小强动手开始设置。首先在"控制面板"里选择"用户帐户"选项，如图 2-9 所示，单击 Administrator 账户，单击创建密码，按照对话框的提示，输入有效密码。在这里，哪怕一个简单的口令，也对黑客有一定的防御作用。

图 2-9　用户账户管理界面

为了更好保护系统的安全性，王小强在"控制面板"里选择了"用户帐户"选项。

在"用户帐户"窗口中单击"创建一个新账户"，按照向导一步步设置一个具有管理员权限的账户，并且加上口令。

然后，王小强在桌面上鼠标右键单击"我的电脑"，选择"管理"，如图 2-10 所示，在"计算机管理"窗口中打开"本地用户和组"，单击"用户"，在右边的列表中鼠标右键单击Administrator，运行属性菜单项，在"隶属于"选项卡中，将 Administrator 组属性删除，可以添加一个 Guest 或者其他不具有 Administrator 权限的组属性。

（2）在控制面板里选择"Windows 防火墙"，如图 2-11 所示，启用操作系统自带的防火墙功能，并且在"例外"选项卡中可以设置阻止不信任的程序访问，在"高级"选项卡里可以设置更多的服务。

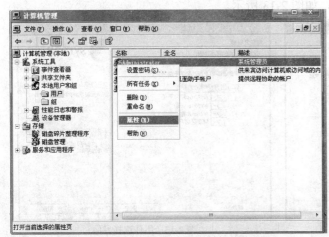

图 2-10　在"计算机管理"窗口中更改用户权限

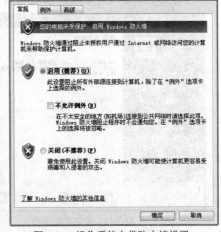

图 2-11　操作系统自带防火墙设置

至此，王小强已经做好了计算机本身基本的安全上网设置。当然，良好的使用习惯更重要，如定期扫描机器，不访问无法确定安全性的网站，不使用无法确定安全性的软件，不随意使用未经证实安全性的优盘等移动存储器。

防、杀病毒软件和其他第三方软件的使用将在下一小节具体讨论。

2.2.2　反病毒软件安装与设置

反病毒软件，也称件杀毒软件或防毒软件，是用于消除计算机病毒、特洛伊木马和恶意软件的一类软件。反病毒软件通常集成自动监控识别、病毒扫描、病毒清除、自动升级等功能，有的杀毒软件还带有一定的数据恢复等功能，是计算机防御系统的重要组成部分。随着信息交互的日益频繁，在机器上安装反病毒软件是非常必要的。

反病毒软件的品种很多，国内知名的有瑞星、江民、金山毒霸等，国外的有 Kaspersky Labs 公司的卡巴斯基（Kaspersky Anti-Virus，原名 AVP）、Symantec（赛门铁克）公司出品的诺顿（Norton）、麦咖啡（McAfee）公司出品的同名反毒软件等，这些反病毒软件各有特色，用户可以根据自己的需求和喜好进行选择。

反病毒软件的工作原理基本一致，简单地说，就是通过病毒特征码比对的方法来寻找和发现病毒代码，并对其进行清除。每个反病毒软件都会有一个病毒代码特征库，一般需要定时更新，病毒代码特征库是这些专业公司分析病毒代码得来的。

任务 2-3：安装和设置反病毒软件。

情景：经理要求王小强承担公司计算机系统的安全工作，除了进行日常系统维护，保护公司工作的计算机的数据和信息安全是小强的主要工作。经理对小强提出，要尽快解决公司所有计算机的信息安全问题。

分析：要保障公司信息系统的安全，就要从每一台计算机着手解决，而基本的防杀病毒手段的使用，是首先要考虑的。由于每个工作站功能不一样，在安装计算机防杀病毒软件的时候应进行不同的设置，但基本原理是相同的。

解决过程：

（1）王小强领取了诺顿杀毒软件，按照提示进行安装，安装初始界面如图 2-12 所示。

（2）安装过程中要选择安装组件，如图 2-13 所示。

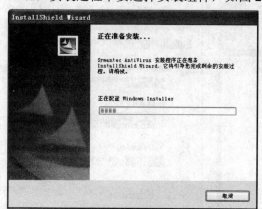

图 2-12　安装初始界面

图 2-13　组件选择界面

这些组件都有特定的功能，如果无法确定组件的功能，建议按照默认安装提示进行安装。
（3）安装完成后，立即启动杀毒软件进行必要的设置，如图 2-14 所示。

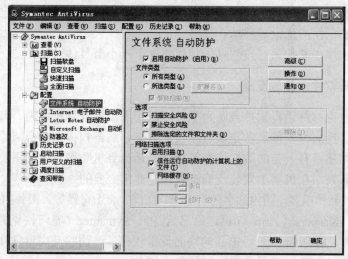

图 2-14　设置界面

　　图 2-14 所示的为诺顿软件的设置界面。在这里可以按照自己的使用习惯，对里面的选项进行逐项设置，如果想进行更细致的设置，可以单击"高级"、"操作"和"通知"按钮，按照提示操作。在图中可以看到扫描选项，建议使用者定期扫描计算机系统，对病毒要早预防。

　　由于杀毒软件的目的一致，不同软件功能略有不同，但是基本设置是差不多的。

　　安装设置完毕后，小强对系统进行了一次全面扫描，如图 2-15 所示。如果出现风险提示，表示可能有感染的文件，可以按照提示进行杀毒或者删除操作。

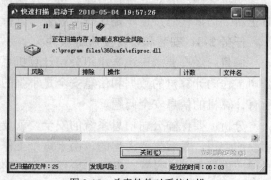

图 2-15　杀毒软件对系统扫描

任务 2-4：使用上网防护套装。

情景：经过一段时间的工作，公司所有的计算机都安装了防杀病毒软件，并进行了合理的设置，但对于需要使用 Internet 资源的办公环境来说，如何简单快捷地解决在上网过程中的安全问题，是十分重要的。

分析：王小强对公司的上网需求进行了分析。公司对于网络数据交换，采用一些常见的软件，如即时通信软件 QQ 和 MSN，电子邮件，公司自己的网站论坛以及股票系统等。这些应用对数据安全没有特殊的要求，可以使用一些辅助工具来快速满足网络使用和数据交换的安全要求。

辅助工具通常指一些在访问网络时辅助安全的一些软件套装。这些软件套装具有一定的针对性，如针对木马、恶意代码、流氓软件、恶意插件等，并提供一些集成的辅助工具，如软件更新升级管理、系统检测和修复、防盗号等。

很多杀毒软件除了有专业的反病毒软件外，还会推出针对上网安全的防护套装，如瑞星的瑞星卡卡，360 公司的 360 安全卫士，金山公司的金山网盾等。这类软件一般是以套装的形式出现的，提供了解决用户在上网中经常遇到的问题的解决方案。

以目前比较流行的 360 安全卫士为例，如图 2-16 所示，它提供了综合检测、插件清理、漏洞修复、垃圾及上网痕迹的清理、系统修复、流量控制、高级工具等一系列帮助上网的功能，还提供了防盗号、网盾和软件管家功能，是目前功能比较全面的上网套装软件。

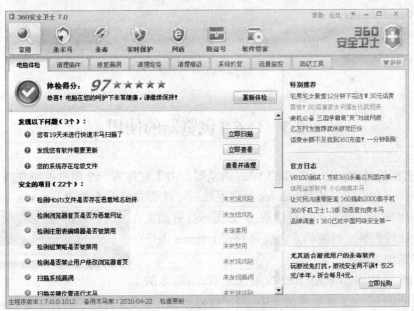

图 2-16　360 安全卫士体检界面

解决过程。

王小强先从经理的计算机开始规划，他发现经理用计算机访问股市，使用网上银行，还会用 MSN（微软公司提供的即时通信软件，和腾讯公司的 QQ 功能类似）进行网络办公，如果计算机中了木马，信息的安全性就得不到保障。

王小强马上打开 360 安全中心的网站（目前该网站提供软件免费使用），下载 360 安全卫士，并且按照提示安装成功。安装完成运行后，自动进入体检流程。自动体检是对计算机进行快速扫描，查找容易被攻击的系统进程和程序，并给出一个综合评分。用户根据分值和提示，对计算机系统进行进一步加固工作。

王小强打开"防盗号"功能对话框，将经理经常使用的网银和交互办公软件加进"360保险箱"，如图 2-17 所示，软件从这里启动，360 安全卫士会提前检测常见盗号工具，有效保护些用户的口令区域，增强了安全性。

图 2-17 软件保险箱

2.3 IE6.0 浏览器的使用

IE6.0 浏览器是微软公司制作的 Web 浏览器，由于它作为一个组件捆绑在微软 Windows 操作系统中，一台机器安装 Windows 操作系统后，就会在桌面上生成 Internet Explorer 的图标，如图 2-18 所示，用户可以直接双击 IE 图标打开浏览器，其功能比较完善，性能稳定，也是目前 Internet 用户使用比较多的浏览器之一。

图 2-18 IE 图标

目前，随着 Windows XP SP2 安装的是 IE6.0 版本的浏览器。最新的 IE 浏览器版本为 8.0，用户可以直接在微软的网站（www.microsoft.com）上下载安装使用，其使用方法和 6.0 版本基本一致。

2.3.1 使用 IE6.0 浏览器访问 Internet 网站

浏览器是一个可以独立使用的客户端软件，它能打开使用本地文件，也能使用网络传输的协议，进行信息的发送和接收。用户通过浏览器访问网页的方式是通过输入域名，或者 IP 地址来定位网站服务器，实际上也就是通过 HTTP（超文本传送协议），发送域名请求，在对应网站服务器接收到合法请求后，通过 HTTP，将相应的信息发送至用户浏览器，用户通过浏览器就可以使用相应的信息了。

一般的网站都会有一个比较好记的域名,比如新浪的域名为"www.sina.com.cn",安徽电气工程职业技术学院的域名为"www.aepu.com.cn",域名和 IP 地址都是对应的,当然也可以直接键入 IP 地址,如键入 IP 地址"http://61.191.23.99:8088/inte/v35/",就可以访问到安徽电气工程职业技术学院招生就业网站,如图 2-19 所示。

图 2-19　通过 IP 地址访问的网页

任务 2-5:设置 IE 选项。

情景:经过王小强的努力,公司的计算机系统运行比较稳定了。王小强向经理提出想在员工中开设一些基础讲座,帮助大家尽快提高使用技巧,经理非常赞同小强的工作热情,并安排了培训的时间和次序。

分析:对于经理提供的展示机会,王小强非常珍惜,但是计算机网络的使用千头万绪,从什么地方开始呢?计算机网络的功能强大,信息交互迅速海量,要想有比较合理的使用习惯,要从最常用的工具开始熟悉,而大家用来访问网络资源的浏览器就是第一个需要关注的工具。

解决过程。

培训班第一期正式开始了,王小强在对前一段自己的工作做了陈述后,开始演示 IE 浏览器的一些使用技巧。

王小强打开 IE 浏览器,选择"文件"→"工具"→"Internet 选项"命令,在弹出的"Internet 选项"对话框中选择主要的功能进行进一步的设置,如图 2-20 所示。

(1)在"常规"选项卡中,可以设置 IE 启动后自动访问的网页,这样可以减少对经常访问网页的操作时间,另外,还可以设置一些如字体颜色等的常规操作。

① 单击"删除 Cookies"按钮,清理由于长期上网累积的 Cookie。

说明：Cookie 是由服务器端生成，发送给访问客户端的一个小文件，它可以记录用户 ID、密码、浏览过的网页、停留的时间等信息。浏览器会将 Cookie 保存到相应目录下的文本文件内，Cookies 可以加快访问相应网站的速度，但时间久后，累积的 Cookies 比较多，也会加重系统负担，所以要定期清理。

② 单击"删除文件"按钮，将 Internet 临时文件夹中的文件清除，释放存储空间。

（2）选择"安全"选项卡，设置 Internet 安全级别。单击"自定义级别"按钮，在弹出的"安全设置"对话框中，设置 IE 的安全级别，逐一设置对各类控件的控制，如图 2-21 所示。

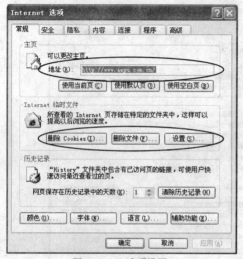

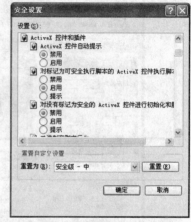

图 2-20　IE 选项设置　　　　　　　　图 2-21　自定义安全级别

为了实现网站的某些特殊功能（如网银的口令输入控件，不安装就无法输入网银口令），网站会提供一些对应的控件供使用者下载安装，一些不法分子利用这个功能，把木马程序和恶意代码嵌在控件中，如果对控件下载安装不进行控制，会危害到系统的安全性。王小强仔细查看选项，对控件和数据的下载做了一定的防护。

（3）在"高级"选项卡中，可以对浏览器做更详细的设置，其中也包括了安全性的一些选项。在做好 IE 基本设置后，就可以进行网络资源的访问了。

2.3.2　使用搜索引擎查找信息资料

网上的信息丰富多彩，如何能记住那么多域名呢？如何找到自己感兴趣的内容呢？最快捷的方式就是通过搜索引擎去了解这个世界。

搜索引擎（Search Engine）是指根据一定的策略，运用特定的计算机程序搜集 Internet 上的信息，在对信息进行组织和处理后，为用户提供检索服务的系统。

那些采用了比较科学的搜索引擎，专门提供搜索数据的网站，也被称为搜索引擎。

目前网络上国内用户使用比较多的搜索引擎（专门提供搜索业务）有百度、雅虎、搜狗等，这些搜索引擎提供全方位的信息搜索，还有一些专注于某些类别的搜索引擎。

这些搜索网站往往还会提供电子邮件等附加服务。

任务 2-6：使用搜索引擎查找信息资料。

情境：单位准备组织员工参观 2010 年上海世界博览会，安排王小强收集相关资料，带领大家了解世博会历史。

操作步骤如下。

（1）打开浏览器，在地址栏输入搜索引擎域名"www.baidu.com"，在界面搜索栏文本框中输入查询关键字"中国 2010 年上海世界博览会"。

（2）单击"百度一下"按钮，或者直接敲击回车键。百度就会列出满足关键词内容的相关链接，如图 2-22 所示，并且每个链接还有一些说明信息，帮助用户选择合适的链接。找到链接后就可以直接单击，浏览相应的资料了。

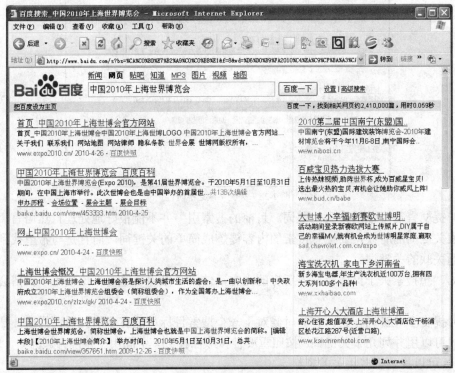

图 2-22　搜索网站的使用

在搜索栏上方还提供不同主题的搜索服务，单击相应的主题，对应的关键字搜索到的内容更准确。

王小强打开上海世博会的官方网站，详细了解了上海世博会的举办日期、门票购买事项，并下载了部分资料，供大家了解。

任务 2-7：了解搜索引擎的使用技巧。

在搜索技巧中，最基本，同时也是最有效的，就是选择合适的关键词。如何选择关键词有一定的规律，但经验积累也很重要。

对于一个搜索引擎来说，一般会严格按照提交的关键词去搜索，因此，关键词表述准确是获得良好搜索结果的必要前提。

（1）选择适当的查询关键词。例如，要查找世博会的准确资料，如果在搜索栏中键入"世博会"，如图 2-23 所示，这样虽然可以找到相应的内容，但是由于关键字不具体，网页显示的内容中想要的信息没有排列在前面。如果关键词中包含错别字，搜索到的内容就更不准确了。

百度中对于用户常见的错别字输入，有纠错提示，如在搜索框中输入了"世播会"，百度会提示"您要找的是不是：世博会"，这些功能可以帮助大家尽快找到相应的内容。如果想具体查找关于上海世博会的信息，那么输入"中国 2010 年上海世博会"这样的准确关键字，搜索的效率会大大提高。

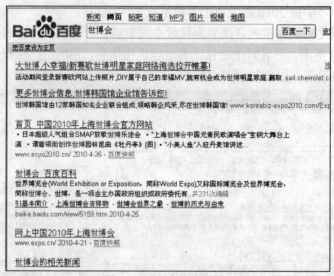

图 2-23　关键字缺乏准确性

（2）提交言简意赅的搜索关键词。目前的搜索引擎并不能很好地处理自然语言，所以在提交搜索关键词的时候，要把想搜索的内容提炼成简单的关键词，而且是与希望找到的信息内容主题关联的关键词。

例如，想搜索关于世博会发展历史的内容，使用"世界博览会"比使用"世博会"就准确得多。

（3）提交多关键词搜索。有的时候对于一个搜索目标可能有多个关键词描述，那么在搜索的时候可以用并列几个关键词，按照重要性按顺序排列，中间用空格隔开。例如，"世博会上海"，就可以找到很多相关的资料。

（4）提交合理构建的查询关键词，寻找问题的解决办法。在工作和生活中遇到各种各样的疑难问题，如计算机中毒了，或者一些生活技巧等，很多问题其实都可以在网上找到解决办法。因为某类问题发生的几率是稳定的，而网络用户有好几千万，于是几千万人中遇到同样问题的人就会很多，其中一部分人会把问题贴在网络上求助，而另一部分人，可能就会把问题的解决办法发布在网络上。有了搜索引擎，就可以把这些信息找出来。

找这类信息，核心问题是如何构建查询关键词。一个基本原则是：在构建关键词时，尽量不要用自然语言（所谓自然语言，就是平时说话的语言和口气），而要从自然语言中提炼关键词。

例如，上网时经常会遇到陷阱，如浏览器默认主页被修改并锁定。搜索这样一个问题的解决办法，首先要确定的是不要用自然语言。例如，"我的浏览器主页被修改了，谁能帮帮我呀"，这是典型的自然语言，但网上和这样的话完全匹配的网页，几乎就是不存在的，因此这样的搜索常常得不到想要的结果。这个问题中的核心词汇："浏览器"、"主页"和"被修改"，在这类信息中出现的概率会最大，这些是对问题现象准确描述的关键词。

（5）使用百度产品。百度为使用者提供了很多特色搜索，如查电话的黄页、影视等，通过这些产品和特色搜索能够更准确地搜索到相应的资料。

在百度主页上单击搜索栏下方的"更多"，可进入如图 2-24 所示的页面。

　　单击相应的链接，百度会先提供一些帮助信息，根据帮助信息的提示，就可以方便地使用相应的服务了。

图 2-24　百度产品和搜索特色

　　（6）使用百度快照。"百度快照"也就是"网页快照"，如图 2-25 所示，"百度快照"是百度网站比较有实用价值的服务。每个被收录的网页，在百度上都存有一个纯文本的备份，称为"百度快照"。如果无法打开某个搜索结果，或者打开速度特别慢，直接单击"百度快照"，就能迅速打开相应的内容。

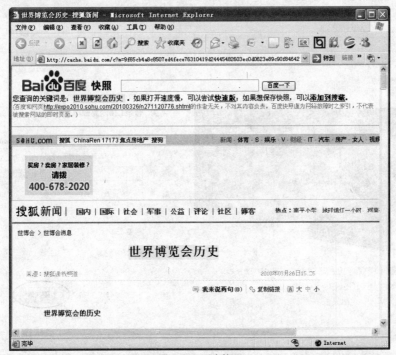

图 2-25　百度快照

　　在上网的时候会遇到"该页无法显示"（找不到网页的错误信息）、网页链接速度缓慢等现象，出现这种情况的原因很多，如网站服务器暂时中断或堵塞、网站已经更改链接等，"百度快照"能很好地解决这个问题。

　　百度搜索引擎已先预览各网站，拍下网页的快照，在自己的服务器上为用户储存大量应急网页。"百度快照"功能在百度的服务器上保存了几乎所有网站的大部分页面，在不能链接所需网站时，百度暂存的网页可救急。而且通过"百度快照"寻找资料要比常规链接的速度快得多，因为"百度快照"的服务稳定，下载速度极快，不容易受死链接或网络堵塞的影响。

在快照中，关键词均已用不同颜色在网页中标明，一目了然。单击快照中的关键词，还可以直接跳到它在文中首次出现的位置，浏览网页更方便。如果某个网站删除了一些页面，在快照中还是可以访问到。

不过，百度只保留文本内容，所以，那些图片、音乐等非文本信息，快照页面还是直接从原网页调用，但是，由于快照是截取了网页主要的信息内容，视觉效果比正常的网页有所区别。

2.3.3　收发电子邮件

任务 2-8：申请电子邮件信箱，收发电子邮件。

王小强有了自己的办公计算机，公司的工作有很多需要网上数据交流，小强决定申请电子邮件信箱，通过收发电子邮件实现网上信息交流。有很多网站提供免费的电子邮件服务，如网易的 126 电子邮局，下面就是小强申请 126 电子邮箱的操作过程。

操作步骤如下。

（1）登录 www.126.com，如图 2-26 所示。

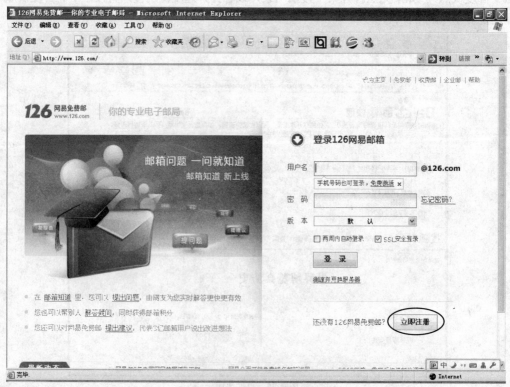

图 2-26　126 电子邮局首页

（2）单击"立即注册"按钮，进入注册信箱的页面，如图 2-27 所示。在注册页面，首先要取一个合适的用户名称，这个名称也是电子信箱的名称，除了不能和系统中已经存在的用户名称重名外，还要遵循网站的规定，其中包括：用户名只能由英文字母、数字和下画线组成；用户名必须以字母开头；用户名长度为 5～20 个字符。

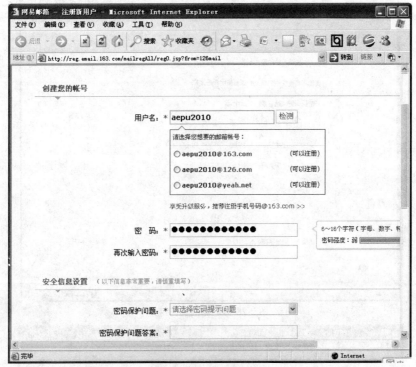

图 2-27　注册邮箱第 1 步

（3）如果输入的用户名称与系统已经存在的名称重复，系统会列出一些用户名给用户选择，用户也可以再重新取一个名称，直到用户名称系统接受为止。如果用户名合法，网易电子邮局将提供多个网站的服务供选择，小强选择了 126 作为自己的邮局服务器。

（4）有了合法的用户名称后，要设置邮箱的访问密码。这个密码比较重要，它关系到邮箱的安全，也就是关系到邮箱中资料的安全。密码的设置规则在页面上也有详细的提示，并且页面可以提示用户设置的密码安全程度。推荐的密码是英文、数字和一些符号的组合，这样的密码组合安全程度是很强的，不容易被破解，当然记住这个密码是前提。

（5）密码设置完毕后应该认真填写"安全信息设置"，如图 2-28 所示。

这个功能为邮箱提供了第二道安全防线，一旦密码遗忘或者密码被恶意修改，可以通过手机短信和只有用户知道的密码提示问题找回邮箱密码。如果用户想长期安全使用邮箱，这项功能非常重要。按照页面提示填写"注册验证"的字符，并阅读服务条款，如果没有其他问题就可以确认生成邮箱了。

如果用户第 1 次注册使用邮箱，有必要仔细看看服务条款，里面有用户在使用网站提供的邮箱的一些权利和义务。一般情况下，网站提供的免费邮箱的安全性相对比较一般，收发一些安全等级不高的资料还是可以的，如果用户经常有重要邮件来往，建议使用网站提供的收费信箱，保障邮件的安全性。

（6）在生成邮箱前，有"注册确认"页面，如图 2-29 所示，这个页面的功能主要是为了防止有人使用软件恶意注册大量邮箱，影响正常用户使用。

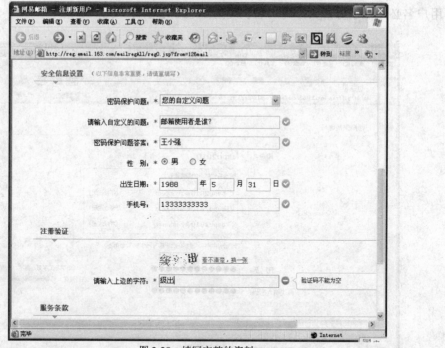

图 2-28　填写完整的资料

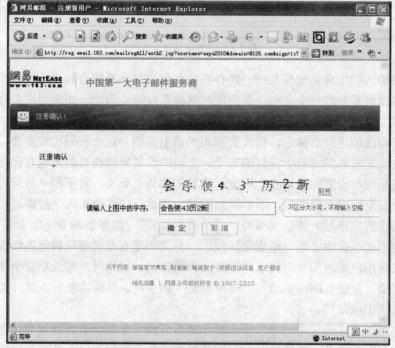

图 2-29　注册确认

（7）当看到欢迎界面的时候，用户就有一个电子邮箱了，如图 2-30 所示，在这里可以再次确认提供的资料信息，还有一些网站提供的附加服务和推广服务，如果想马上使用，直接单击"单击进入邮箱"按钮即可。

（8）在邮箱的正式操作界面里，可以看到类似资源管理器的影子。左侧的文件夹目录和右侧的文档操作区都有明确的提示，如图 2-30 所示。

图 2-30　邮箱主界面

（9）单击"收件箱"可以看到网站发给新用户的欢迎邮件，如图 2-31 所示。右侧的操作区分为上下两个部分，上面的部分是邮件的标题区，单击标题区，在下面的浏览区中可以看到邮件的正文。

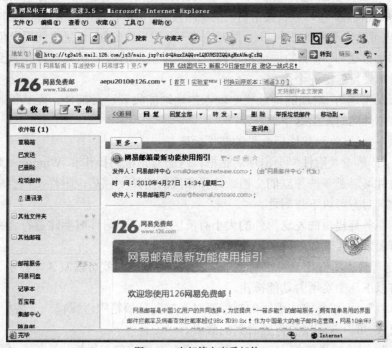

图 2-31　在邮箱中查看邮件

（10）单击左侧目录区上方的"写信"按钮，进入邮件编辑界面，如图 2-32 所示。

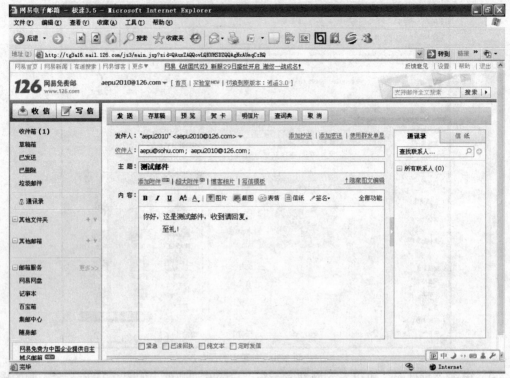

图 2-32　编写新邮件

在编辑界面中，首先应该填写收件人的电子邮箱地址，也可以通过单击地址栏右侧"显示通讯录"按钮，从通讯录中选择联系人的地址（通讯录中的地址是用户自行输入的）。当然，根据电子邮件的收发特点，也可以直接给自己的邮箱发信，可以在地址栏中输入刚刚申请的邮箱的地址。写信时也可以输入多个邮件地址，同时给若干个用户发邮件，地址之间用半角的逗号隔开。

单击"添加抄送"，增加的地址栏里输入的地址能同时收到这封邮件，收到邮件的用户可以看到这封邮件发送给几个用户。

单击"添加密送"，增加的地址栏中输入的地址能收到这封邮件，而其他收到邮件的用户看不出这封邮件同时发给这个地址。

● "主题"：对方收到邮件后看见的邮件标题。

● "附件"：单击"附件"会出现对话框，这个对话框的操作和 Windows 对话框的操作比较类似。附件可以是一些独立的文档。选择相应的附件文档后，附件文档会随着邮件一起发送到目的地，对方可以下载附件。

每个邮件服务商提供的发送附件的大小有所区别，在加附件时要注意符合系统要求。

在正文编辑区里可输入邮件的正文。

（11）发送邮件。所有项目都填写完毕后，单击"发送"就可以发送邮件了。在发送邮件的按钮旁边有以下几个实用的功能按钮。

● "存草稿"：可以将刚才编写的邮件暂时存放到草稿箱中，保留一个备份。

● "预览"：可以看到接收方能看到的效果。

● "贺卡"：网站提供的贺卡功能，其中有很多漂亮的贺卡模板，选择合适的模板，加上温馨的文字，填写相应的邮箱地址，就可以给对方发送一个美好的祝福。

在邮件正文编辑区下方有几个选项，可以给邮件加上"紧急"标识，提示对方及时查看；"已读回执"的功能是当对方打开接收到的邮件时，系统会有一个回执，发送方可以了解对方的接受情况；"纯文本"选项可以发送只有文本的邮件，加快邮件发送速度；"定时发信"选项可以在用户指定的时间发送邮件，这个功能在一些需要特定时间表达祝福的时候，是十分有用的。

（12）设置。单击界面右上角的"设置"，可以进入选项设置界面。在这个界面中，有很多实用的功能提供给用户使用，如修改个人资料，重新设置密码，设置邮件黑名单以防止垃圾邮件的干扰，获得邮件反病毒功能，将使用信息反馈给网站等。这些操作都给了具体的提示。

（13）关于垃圾邮件。一般来说，未经用户许可就发往用户信箱的，就称为垃圾邮件，一般具有批量发送的特点。

除了相关的部门对垃圾邮件提出一些管理措施外，像网易电子邮局这样的邮件服务商也提供了"举报垃圾邮件"，用户可以在页面上找到相应按钮，直接向邮件服务商举报，避免垃圾邮件的骚扰。

至此，王小强有了自己的工作邮箱。

任务 2-9：使用 Outlook 进行电子邮件的收发。

使用 Web 方式的电子邮件有不方便的地方，一旦使用者有多个电子邮箱，在使用和管理上就会不方便。可以使用一些电子邮件的客户端软件，如 Foxmail，Dreammail 等进行统一的管理。其实，在 Office 组件里就有一个非常好用、功能强大的电子邮件的管理软件 Outlook，如图 2-33 所示，这个软件不仅能管理电子邮箱，还包括日历、活动和会议安排、联系人管理等功能，能很好地管理日常办公和生活。另外，在 Windows 操作系统中有一个工具 Outlook

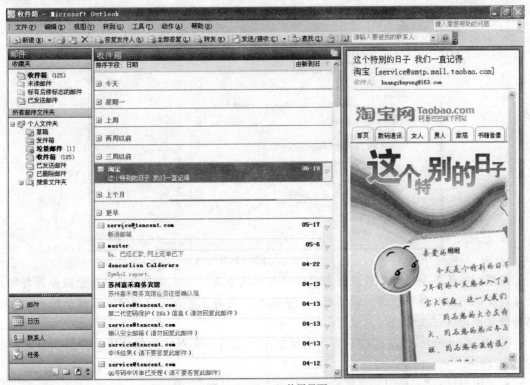

图 2-33　Outlook 使用界面

Express，可以看成 Outlook 的简化版，也有强大的电子邮件管理功能。

操作步骤如下。

（1）Outlook 的启动设置。启动 Outlook，单击菜单"工具"→"电子邮件帐户"，打开设置向导来设置相应的邮件管理，如删除邮件账户、添加新邮件账户等。

① 选择"添加新的电子邮件帐户"，如图 2-34 所示。然后单击"下一步"按钮进行设置。

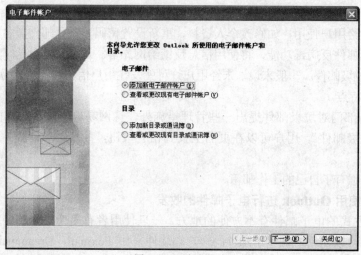

图 2-34　添加新账户

② 在服务器类型对话框中选择 POP3，链接到 POP3 电子邮件服务器，下载电子邮件，如图 2-35 所示。然后进行单击"下一步"按钮进行设置。

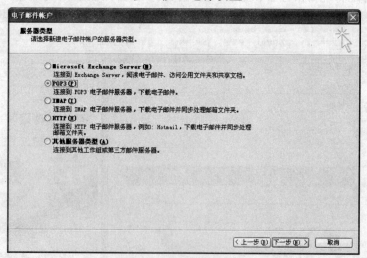

图 2-35　选择服务器类型

说明：关于各个电子邮件服务器提供的具体服务类型，可参看该网站关于服务器类型的介绍，有的网站对新申请的邮箱不提供此类服务，是为了防止恶意申请电子信箱给网站带来的额外负载，保证正常的用户使用。

③ 在"Internet 电子邮件设置"对话框中，对客户端对应的邮箱进行详细的设置，如图 2-36 所示。

● "用户信息"：是用户在客户端的账户名称，可以自行设置。

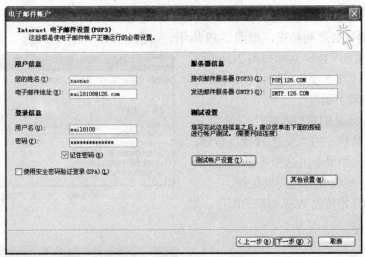

图 2-36　填写完整的账户参数

- "电子邮件地址"：对应的 Web 电子邮箱的地址。
- "用户名"：一般是邮箱地址符号 @ 前的名称。
- "密码"：电子邮箱的密码。
- "服务器信息"：填写对应邮箱服务器支持的协议。

注意：

具体的邮箱协议服务器域名一定要到相应的网站上查找，如 126 电子邮局的接收服务器域名是 POP.126.COM，而不是 POP3，不能想当然。有些提供电子邮箱的网站规定在注册一个月或一段时间后才能使用相应的接收邮件服务器，这样可以避免恶意注册邮箱给服务器带来的额外负荷。

④ 在所有信息填写正确后，单击"其他设置"按钮，弹出如图 2-37 所示的"Internet 电子邮件设置"对话框，把"发送服务器"选项卡中的"我的发送服务器（SMTP）要求验证"钩选上，以便保护自己的账户。

⑤ 单击"高级"选项卡，建议钩选"在服务器上保留邮件的副本"和"删除'已删除邮件'时，同时删除服务器上的副本"，如图 2-38 所示。这两个选项的选中，既可以让邮件客户端的管理和 Web 邮箱同步，又可以在另外的机器上使用 Web 邮箱；否则，所有的邮件将会下载到本地，而 Web 邮箱中将清空。

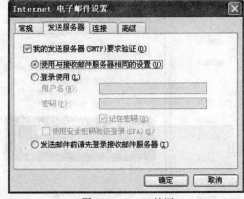

图 2-37　SMTP 认证

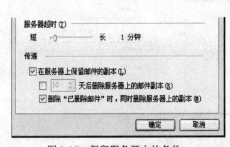

图 2-38　保留服务器上的备份

⑥ 单击"确定"按钮，返回如图 2-36 所示的对话框。单击"测试帐户设置"按钮。如果符合条件，测试会顺利结束，如图 2-39 所示。

⑦ 单击"关闭"按钮返回如图 2-36 所示的对话框，单击"下一步"，最后关闭对话框，返回 Outlook 启动界面。

（2）在 Outlook 的窗口收邮件。

① 单击工具栏中的"发送/接收"按钮，如图 2-40 所示。如果单击这个按钮旁边的下拉三角，会有一些收发的选项供选择。

② 客户端开始接收 Web 邮箱的邮件，如图 2-41 所示。

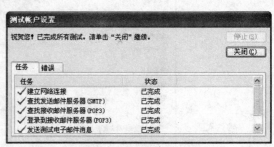

图 2-39　测试账户的设置

图 2-40　发送/接收 Web 邮件

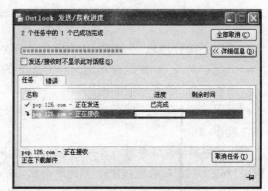

图 2-41　接收 Web 邮件进度

等所有的邮件都下载完毕以后，Outlook 的界面如图 2-42 所示。

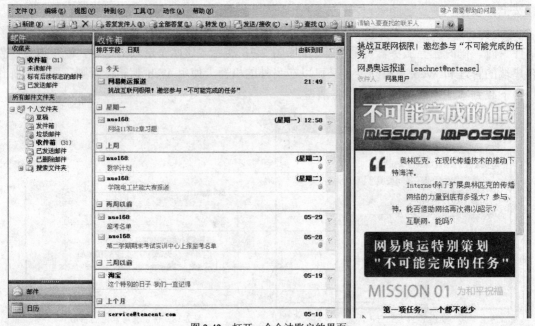

图 2-42　打开一个合法账户的界面

　　注意：账户的界面窗口被分割为 3 个区域，从左至右分别为：导航窗格、文件窗口、阅读窗口。这些窗口的打开或者关闭，以及位置的调整都可以在"视图"菜单中进行。

　　③ 在导航窗格中选择相应的对象，如"收件箱"，在文件窗口中就可以看到收件箱中相应的邮件了。单击其中的一个邮件，在右侧的阅读窗口中，可以浏览这个邮件的内容。一旦在文件窗口单击过一个邮件后，这个邮件的图标就会从 ✉ 变为 ✉，表示已经阅读过了。

　　④ 双击邮件将单独打开一个窗口，这样即可专心对这个邮件进行操作，并详细阅读邮件全文，如图 2-43 所示。

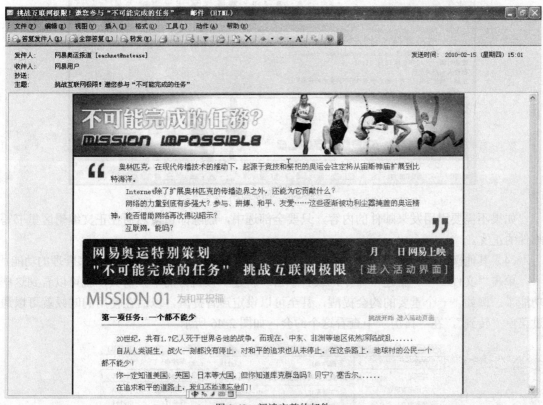

图 2-43　阅读完整的邮件

　　如果邮件有附件，双击附件名称，系统将出现如图 2-44 所示的提示，可根据需要直接打开附件或者将其保存到指定的位置。

　　提示：对于来历不明的邮件，千万不要对附件进行操作，因为这些邮件附件中病毒的寄生情况一般比较严重，甚至连邮件本身都可能包含病毒。建议将这些邮件直接设置为垃圾邮件并删除。

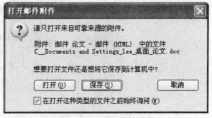

图 2-44　对附件的操作

　　（3）写电子邮件。阅读邮件后如果想直接回复，可单击工具栏中的"答复发件人"按钮，将只答复发件人。而单击"全部答复"的话，将对这个邮件的发件人和其他收件人都进行答复。

　　如果要写一封新邮件，可直接单击"新建"按钮 ，或者单击菜单"文件"→"新建"→"邮件"，打开新建邮件的窗口。上面两种情况下打开的窗口类型是一样的，操作类似。

如图 2-45 所示是选择答复邮件后的界面，发件人的邮件地址直接出现在收件人地址文本框中，而发来的邮件正文被引用。

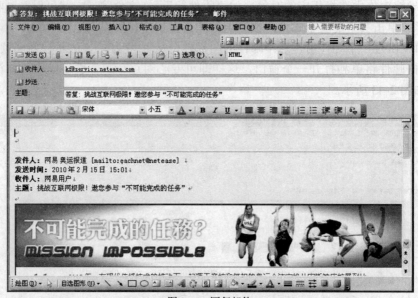

图 2-45　回复邮件

如果不需要引用发来邮件的内容，只要全部选中，删除即可，然后在正文编辑区里书写邮件的正文。

（4）其他操作。Outlook 并不是一个简单的收发电子邮件的软件，它还有很多管理的功能。

单击"文件"→"新建"命令，或者单击"新建"按钮旁的下拉箭头，就可以看到这些功能了。例如，一个重要的约会提醒，甚至可以设定声音提醒，以后在使用的时候就可以通过菜单"转到"，在"日历"中查看这个约会，如图 2-46 所示。

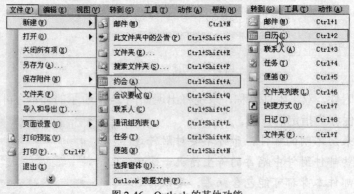

图 2-46　Outlook 的其他功能

2.3.4　使用 QQ 聊天与信息交流

即时通信（Instant Messaging，IM）软件是通过即时通信技术来实现在线聊天、交流的软件，目前比较常用的有 QQ、MSN、移动飞信、淘宝旺旺等软件。通过即时通信功能，可以知道好友是否正在线上，并与他们即时通信。即时通信比传送电子邮件所需时间更短，比拨电话更方便，无疑是网络年代最方便的通信方式。它是一个终端服务，允许两人或多人使用网络即时地传递文字信息、档案、语音、视频等。IM 的特点是可以多任务作业，同时分别和若干对象交流。也可以使用"群"的功能，同时与多人交流；用户不在线也可以留信息，体现了异步性。IM 具有交互性，不受时空限制，实现文本信息交流、多媒体方式交流，支持音频、视频、传送文件等。

由于其很强的交互性，IM 已经成为网络办公工具。

任务 2-10：申请一个 QQ 号，并与同事进行交流。

申请 QQ 号码比较简单，只要登录腾讯主页 www.qq.com，按照提示申请即可。

（1）下载安装 QQ 客户端软件，并启动。

提示：即时通信软件上的联系人一般比较重要，所以一定要保护好口令，可以把 QQ 加入 360 安全卫士防盗号模块，或者使用"QQ 医生"更好地保护口令的安全性。

（2）登录 QQ 界面，如图 2-47 所示查找联系人或者群，如图 2-48 所示。

图 2-47 QQ 登录界面

图 2-48 查找联系人或者群

说明："群"功能是 QQ 应用比较多的一个功能，它支持多人在线互动，不受时空限制地交流，在年轻人中颇为流行，班级、公司、单位或者一些共同爱好的人组成群，交流信息，非常方便，如图 2-49 所示。一些公司利用群的功能进行网络办公，提高工作效率。另外，"群共享"功能为用户提供了一定的上传文件空间，方便群成员共享一些文档、视频、图片等信息，"群邮件"功能提供了一个邮件共享，而又可以避免邮件群发带来的冗余数据。

（3）加入群，进行群会话。

（4）传送文件，在和个人即时通信时，可以传送文件，如图 2-50 所示。传送文件提供了多种方式，对方在线时可以直接发送文件或文件夹，供对方接收。当对方不在线时，也可以发送离线文件，发送离线文件其实就是将需要发送的文件上传到腾讯服务器上，当对方上线时有提示，可以下载。

（5）进行语音和视频交流。

（6）收发电子邮件，使用方式和其他电子邮件一样，但是由于其和 QQ 进行了有效连接，作为一个组件使用，更加方便快捷。

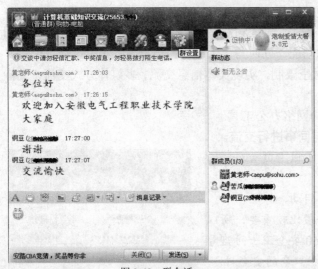

图 2-49　群会话

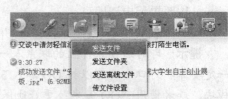

图 2-50　传送文件功能

（7）利用 QQ 还可以欣赏音乐、玩游戏、加入网络社区等。

2.4　安全使用计算机网络

随着网络的普及，网络应用在生产生活中扮演了重要的角色，通过网络有大量的数据进行交换，如何保证交换数据的安全性成为网络应用的一个重要问题。近年来，网络泄密、黑客攻击、网络病毒传播、恶意代码中毒，给各个行业带来了巨大的损失，也给个人带来了很多伤害。

安全使用计算机网络成为网络信息访问的首要问题。

2.4.1　网络黑客与信息安全

黑客最早源自英文 hacker，也有"软件骇客"（software cracker）一词，原指热心于计算机技术，水平高超的计算机专家，尤其是程序设计人员。但到了今天，黑客一词已被用于泛指那些专门利用计算机网络搞破坏，或恶作剧的人。对这些人的正确英文叫法是 Cracker，有人翻译成骇客。

随着网络经济的发展，黑客利用各种软件工具，窃取各种账号和口令，攻占别人的机器。通常黑客把占领的机器称为"肉鸡"，他们可以把许多"肉鸡"组成"僵尸网络"，利用这些资源，牟取非法利益（虚假代理、攻击）。黑客行为成为全世界制裁和打击的对象。

1．黑客常用破坏手段

通常黑客使用的工具和破坏手段有下列几种。

（1）间谍软件。间谍软件（Spy Ware）与商业软件产品有关，有些商业软件产品在安装到用户机器上的时候，未经用户授权，就通过 Internet 链接，让用户方软件与开发商软件进行通信，这部分通信软件就叫做间谍软件。

（2）远程访问特洛伊。远程访问特洛伊是安装在受害者机器上，实现非授权的网络访问的程序，如 NetBus 和 SubSeven，它们可以伪装成其他程序，迷惑用户安装，如伪装成可以执行的电子邮件，Web 下载文件，或者游戏和贺卡等，也可以通过物理接近的方式直接安装。

这种软件就是常说的木马软件，如臭名昭著的"灰鸽子"软件，通过系统漏洞窃取主机的信息。

（3）破解、嗅探程序和网络漏洞扫描。口令破解、网络嗅探和网络漏洞扫描是公司内部人员侦察同事、取得非法的资源访问权限的主要手段，这些攻击工具不是自动执行，而是被隐蔽地操纵的。

（4）键盘记录程序。某些用户组织使用 PC 活动监视软件监视使用者的操作情况，通过键盘记录，防止雇员不适当地使用资源，或者收集罪犯的证据。这种软件也可以被攻击者用来进行信息刺探和网络攻击。

（5）P2P 系统。基于 Internet 的点到点（Peer-To-Peer）的应用程序，可以通过 HTTP，或者其他公共端口穿透防火墙，从而让组织内部跨地区建立起自己的 VPN（虚拟专用通道），这种方式对于组织或者公司有时候是十分危险的。因为这些程序首先要从内部的 PC 远程链接到外边的主机，然后用户通过这个链接就可以访问办公室的 PC。这种链接如果被利用，就会给组织或者企业带来很大的危害。

2．恶意代码

恶意代码（Malicious Code），或者叫做恶意软件（Malicious Software，Malware），具有如下的共同特征。

- 恶意的目的。
- 本身是程序。
- 通过执行发生作用。

恶意代码编写者一般利用 3 类手段来传播恶意代码：软件漏洞、用户本身或者两者的混合。有些恶意代码是自启动的蠕虫和嵌入脚本，本身就是软件，这类恶意代码对人的活动没有要求。一些像特洛伊木马、电子邮件蠕虫等恶意代码，利用受害者的心理操纵他们执行不安全的代码，还有一些是哄骗用户关闭保护措施来安装恶意代码。

恶意代码编写者的一种典型手法，是把恶意代码邮件伪装成其他恶意代码受害者的感染报警邮件，恶意代码受害者往往是 Outlook 地址簿中的用户，或者是缓冲区中 Web 页的用户，这样做可以最大可能地吸引受害者的注意力。一些恶意代码的作者还表现出了很高的心理操纵能力，LoveLetter 就是一个突出的例子。一般用户对来自陌生人的邮件附件越来越警惕，而恶意代码的作者也会设计一些诱饵，吸引受害者的兴趣。附件的使用正在，并必将受到网关过滤程序的限制和阻断，恶意代码的编写者也会设法绕过网关过滤程序的检查。使用的手法可能包括采用模糊的文件类型，将公共的执行文件类型压缩成 zip 文件等。

对即时消息（Instant Messaging，IM）系统的攻击案例不断增加，如经常被盗窃 QQ 号码的现象，除了少数是人为骗取 QQ 密码外，大部分是靠木马程序获得密码。其手法多为欺骗用户下载和执行自动的 Agent 软件，让远程系统用做分布式拒绝服务（DDoS）的攻击平台，或者使用后门程序和特洛伊木马程序控制它。

3．预防恶意代码

普通用户积极预防恶意代码攻击的防范措施有以下几点。

- 随时注意最新病毒和木马的流行趋势，做到专杀专防。推荐的网站：国家计算机病毒应急处理中心 http://www.antivirus-china.org.cn/。

- 一定要使用可靠的防病毒软件，并且保持软件及时升级和更新病毒库。最好安装相应的个人防火墙，随时监视端口的情况。可以配合使用一些上网的安全软件，如"360 安全卫士"等，保护自身信息的安全。
- 对于来历不明的邮件及其附件，不要随意打开，最好立即删除。
- 不要通过即时通信软件（腾讯的 QQ、微软的 MSN、新浪的 UC 等）接收无法确认安全性的文件。即使发送方是熟悉的朋友，也要经过谈话确认，防止对方中毒后无意的传播。
- 不要访问无法确定安全性的网站。有些恶意网站将恶意代码种植在网页代码和脚本中，只要打开这样的网站，就会感染恶意代码。
- 目前出现了专门在视频中种植恶意代码的现象，如果随意下载视频播放，可能会受到感染。

总之，多了解一些这方面的知识，做到"知己知彼"，积极防范，安全性就能够得到保障。

2.4.2 网络防火墙的安装与使用

防火墙（Firewall）技术，是一项协助确保信息安全的设备或者软件，会依照特定的规则，允许或是限制特定数据通过，如图 2-51 所示。

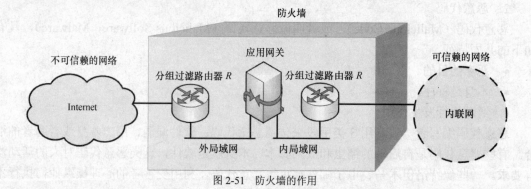

图 2-51 防火墙的作用

防火墙可以是一台专属的硬件，也可以是架设在一般硬件上的一套软件。

防火墙可以工作在网络的各个应用层上，按照用户制定的规则对数据进行检测和过滤，保护设备和信息的安全。下面以个人防火墙为例，介绍防火墙的基本使用方法。

任务 2-11：在计算机上安装防火墙。

由于王小强经常要处理公司的文件和数据，要通过网络办公，同时有重要的数据需要保护，安装防火墙非常有必要，说做就做。

王小强按照提示，开始安装诺顿防火墙，如图 2-52 所示。整个安装过程为向导方式，非常方便。

安装过程中，会提示安装最新更新。这个功能是安装中发现服务器有可以更新的数据，进行自动升级，如图 2-53 所示。

经过重新启动系统，防火墙安装完毕。防火墙启动后的主界面上，可以看到"Live Update"（在线更新）按钮、"选项"按钮和"帮助"按钮。在主界面左侧，将防火墙功能分成了 3 个模块。

第 1 个模块，如图 2-54 所示，为当前系统和 Internet 连接的状态，此模块对入侵进行统计和分析，也可以提供更为详细的报告。

图 2-52　诺顿防火墙安装初始界面

图 2-53　安装过程中的自动更新

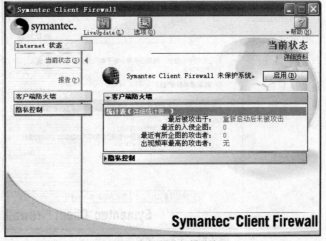
图 2-54　主界面功能模块之一

第 2 个功能模块，如图 2-55 所示，是对客户端防火墙规则的具体设置。

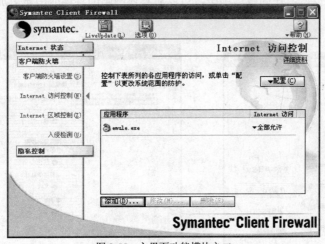
图 2-55　主界面功能模块之二

单击"添加"按钮，弹出如图 2-56 所示的对话框，可以添加具体应用程序的 Internet 访问限制，用户根据对应用程序的评估进行合理的选择。

第 3 个功能模块是隐私控制，如图 2-57 所示。可以通过滑块拖动，或者"自定义级别"来控制对系统隐私的保密程度，可以具体到电话号码、家庭地址等信息，非常人性化。

单击"选项"按钮，打开选项设置界面，如图 2-58 所示，可以对软件的应用环境进行设置，也可以对具体网站的应用做一定的限制。

图 2-56　应用程序访问规则

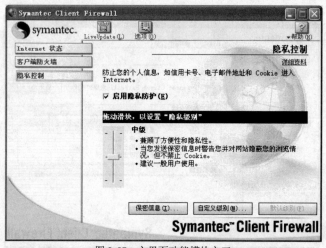

图 2-57　主界面功能模块之三

在"常规"选项卡中可以设置软件的启动时机，软件运行产生的日志信息，还有供高级用户使用的"高级选项"，在高级选项中，可以对具体网站的具体应用做更加细致的设置，如图 2-59 所示。

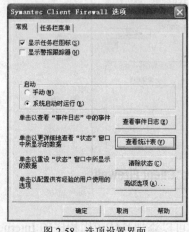

图 2-58　选项设置界面

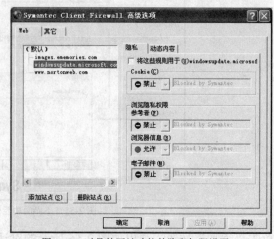

图 2-59　对具体网站功能的隐私权限设置

　　杀毒软件的作用是保护系统不受病毒的伤害，上网套装可以保护用户在上网过程中的安全，而防火墙可以阻止黑客及不良网站的侵入。每个工具都有一定的针对性，经过这些设置，王小强对系统进行了全副武装。但是，再多的防护手段都是被动的，良好的上网习惯更加重要，不要访问安全性不确定的网站，不下载盗版非法软件和数据，不要轻易在网上相信别人的信息，特别是虚假中奖之类的信息，只有有良好的习惯加正确的防护，才能安心享受 Internet 带来的无尽乐趣。

2.5　无　线　网　络

　　无线网络是建立在无线通信基础上的，由于它的信息传送摆脱了传统的有线模式，有很强的便携性。

　　无线通信，就是以无线电波为载体进行的信息传送的。无线通信覆盖范围广泛，利用卫星可以实现全球覆盖，可以方便地进行移动数据交换，数据交换速度飞速提高，应用范围越来越广。

　　目前使用手机上网的通用分组无线服务技术（General Packet Radio Service，GPRS），GSM（移动电话用户可用的一种移动数据业务）和第三代移动通信技术（3rd-generation，3G，指支持高速数据传输的蜂窝移动通信技术）上网模式就是无线网络在手机终端上的应用，还有用无线路由组成的无线局域网，使用 LMDS 提供更多接入的城域网等。

2.5.1　无线网络的发展和分类

　　无线网络是随着计算机技术和计算机网络技术发展到一定阶段，与无线通信相结合的产物。无线网络的出现标志是美国电气和电子工程师协会（Institute of Electrical and Electronics Engineers，IEEE）在 1997 年 6 月正式发布了第一个无线局域网络（Wireless Local Area Networks，WLAN）标准 802.11。在 1999 年 9 月，IEEE 又公布了被称为 WI-FI 的 802.11b 标准，WI-FI 技术可以利用无线路由，方便地将笔记本电脑，无线通信终端设备手机和 PDA 等连入 Internet，无线网络的应用进入高速发展期。

　　无线网络的种类划分标准比较多，下面简单介绍几种常用的分类方法。

　　1．从解决方案上分类

　　● 无线个人网：主要用于个人用户工作空间，典型覆盖距离为几米，可以与计算机同步传输文件，访问本地外围设备，如打印机等。目前主要技术包括蓝牙（Bluetooth）和红外（IrDA）。

　　● 无线局域网：主要用于家庭宽带、大楼内部、一定范围的园区内部，典型覆盖距离为几十米至上百米。目前使用的主要技术为 802.11 系列。

　　● 无线网桥 LAN-to-LAN：主要用于大楼之间、园区之间的无线连接，典型覆盖距离为几千米。许多无线网桥采用 802.11b 技术。

　　● 无线城域网和广域网：覆盖城域和广域环境，城市和小区应用比较多，主要提供 Internet/E-mail 访问，但提供的带宽比无线局域网技术要低很多。

　　无线局域网可以作为有线网络的延伸，在一些应用环境中替代传统的有线网络。它可以实现移动性，在大楼或园区内，局域网用户不管在任何地方，都可以实时地访问信息。它安装快速和简单，可以免除穿墙或过天花板布线的烦琐工作。无线局域网安装灵活，无线技术可以使网络到达有线安装困难的地方。尽管无线局域网硬件的初始投资要比有线硬件系统高，但无线网络减少了布线的费用，灵活方便，后期回报相对比较高。无线局域网可以组成多种拓扑结构，增减用户非常方便。一些典型的无线局域网络应用领域有：学校校园、医院、金融服务、制造业、服务业（饭店、咖啡馆、茶馆等）、商业公司应用、公共信息访问等。

2．从无线网络标准上分类

802.11 是 IEEE 最初制定的一个无线局域网标准系列，主要用于解决办公室、大楼局域网和校园网中用户终端的无线接入，业务也主要限于数据存取。802.11 初始标准的速率最高只能达到 2Mbit/s，由于初始标准在速率和传输距离上都无法满足应用，因此，IEEE 小组又相继推出 802.11b、802.11a 和 802.11g 标准，提高了工作频率和传输速率。

2.5.2　常用无线网络接入

任务 2-12：选择无线上网业务实现移动办公。

公司由于业务需要，不少工作人员在外出差，需要无线上网业务实现移动办公，经理委托王小强了解目前常用无线接入的种类，选择合适的方案为需要的员工办理移动办公。

王小强走访了有关机构，了解到了一些信息。

目前提供的移动无线上网业务基本上有两种，一种是 GPRS，称为通用分组无线服务技术，另外一种是第三代移动通信技术（3rd-generation，3G），这两种技术都可以提供手机和笔记本电脑访问 Internet 的功能。

GPRS 是以封包（Packet）式来传输数据的，在需要信息交换时发送数据，因此使用者所负担的费用是以其传输资料单位计算的，也就是所谓的流量，并非使用期间占用整个频道，理论上较为便宜，GPRS 的传输速率可提升至 56kbit/s，甚至 114kbit/s。GPRS 提供包月服务，用户根据自己的使用情况选择相应套餐，性价比较高。如果使用中国移动的 GPRS 业务，在办理开通业务后，只要在手机上将接入点改为中国移动 IP 和 WAP 主页即可，如果用笔记本电脑上网，则需要笔记本电脑自带相应的 GPRS 上网模块，或者支持 GPRS 的无线上网网卡。GPRS 覆盖范围较广，但速率偏低。

3G 服务能够同时传送声音（通话）及数据信息（电子邮件、即时通信等），能够提供高速数据业务。3G 技术分类比较多，中国联通公司于 10 月 1 日正式启动的商用 WCDMA R6 网络就是 3G 技术的一种，最高下载速率可以达到 7.2Mbit/s，使用支持 3G 的手机、具备 3G 上网功能的笔记本电脑，或者配备 3G 上网卡，都能够通过 3G 技术访问 Internet。

除了上述两种无线上网的方法外，经常在市面上看到有支持 Wi-Fi 功能的手机、笔记本电脑、上网本出售，号称可以免费上网，其实 Wi-Fi 是无线局域网联盟（WLANA）的一个商标，该商标仅保障使用该商标的商品互相之间可以合作，与标准本身实际上没有关系，而实际支持这个商标的是 802.11b 无线标准，Intel 公司的迅驰技术就是基于该标准的。具备Wi-Fi 功能的移动设备在采用 802.11b 标准的无线路由覆盖范围内，能够访问 Internet 资源，并非真正意义上的"免费"上网。

根据公司业务特点，王小强最终为单位员工选择了速度快、安全性好、代表无线业务发展方向的 3G 业务。

2.6　课 后 练 习

一、选择题

1. 下列哪种方式无法访问 Internet？_____

A．ADSL　　　　　　B．GPRS　　　　　　C．GPS　　　　　　D．DDN

2. 下列哪种 IP 地址是正确的？_____

A．10.138.55　　　　　　　　　　　B．10. 138.155.211

C．10.138.555.211　　　　　　　　D．10.138.155.333

3. 下列哪种数据传输方式必须双方同时在线？_____

A．E-mail　　　　　B．BBS　　　　　C．QQ 视频　　　　　D．QQ 传送文件

4. 上网安全的基础是养成良好的操作习惯，下列哪种方式不可取？_____

A．注册用户时口令长度超过 10 位

B．PC 上网安装防病毒软件、防火墙和上网安全套装

C．3 个月更换一次关键口令

D．QQ 聊天时确定对方身份后告知银行账号等关键数据

5. 网络协议是_____。

A．网络通信信息双方鉴定的法律文书

B．为网络数据交换而制定的规则、约定与标准的集合

C．用户与网络工程施工方的法律合同

D．Internet 上传送的所有信息

6. 计算机利用拨号方式上网时，除电话线外，连接电话线与计算机的设备是_____。

A．网卡　　　　　B．调制解调器　　　　　C．中继器　　　　　D．同轴电缆

7. 下列选项中，_____是目前网络中常见的网络传输介质。

A．双绞线　　　　　B．同轴电缆　　　　　C．光纤　　　　　D．以上都是

8. 在 IE 地址栏中，可以通过输入_____访问目标网站。

A．IP 地址　　　　B．网站服务器名　　　C．电子邮箱名　　　D．法人代表名称

9. 要上 Internet，用户必须配置_____网络协议。

A．TCP/IP　　　　B．NetBEUI　　　　C．CSMA/CD　　　　D．IPX/SPX

10. 下列比较有名的网站中，目前用户最多的聊天门户网站是_____。

A．搜狐网　　　　　B．新浪网　　　　　C．163 网　　　　　D．腾迅网

11. 以下选项中，_____是 Internet 的基本服务方式。

A．收发电子邮件　　　　　　　　　B．远程控制

C．电子公告板 BBS　　　　　　　　D．公文传真

12. 计算机有线网络目前常采用的传输介质有_____。

A．同轴电缆　　　　B．双绞线　　　　C．光纤　　　　D．微波

13. 万维网 WWW 中可以传输的内容有_____。

A．文本　　　　　B．声音　　　　　C．图像　　　　　D．视频

14. 利用 Internet，我们能够_____。

A．查询检索资料　　　B．打国际长途电话　C．货物快递　　　　D．传送图片资料

15．防止计算机信息被盗取的手段包括_____。

A．用户识别　　　　　B．病毒控制　　　　C．数据加密　　　　D．访问权限控制

16．黑客对网站的攻击行为，属于_____。

A．违法行为　　　　　　　　　　　　　　B．违背网络道德的行为

C．对国外网站攻击是爱国行为　　　　　　D．严重危害公共信息安全的行为

17．一台计算机连入计算机网络后，该计算机_____。

A．运行速度会加快　　　　　　　　　　　B．可以访问网络中的共享资源

C．可以与网络中的其他计算机进行通信　　D．运行精度会提高

18．目前，可以将计算机接入 Internet 的方式有_____。

A．通过局域网接入 Internet　　　　　　　B．通过 Modem 拨号接入 Internet

C．通过 ISDN 接入 Internet　　　　　　　D．通过 ADSL 接入 Internet

19．下面_____是计算机病毒的名称。

A．熊猫烧香　　　　　B．星际争霸　　　　C．黑客　　　　　　D．CIH

20．以下_____是即时通信软件。

A．MSN　　　　　　　B．歪歪　　　　　　C．Foxmail　　　　　D．QQ

二、操作题

1．调查了解学校校园网、机房网络连入 Internet 的方式，并分析这些方式的优缺点。

2．申请一个电子信箱，作为今后提交作业、求职简历的通信手段。

3．注册使用 QQ 或者 MSN，并以班级为单位建立"群"，建立信息交流平台。

4．常听说的有哪些计算机病毒、黑客事件？上网搜索相应案例，认识制造传播计算机病毒、利用黑客技术攻击他人计算机应付的法律责任。

5．总结上网的安全手段，为自己的电脑上网设计安全方案。

6．简述防火墙、防病毒软件以及上网安全套装软件的区别，分析它们能否互相替代。

第 3 章

Windows XP 的基本操作

3.1 认识 Windows XP 操作系统

3.1.1 Windows 操作系统的发展

Windows 操作系统是一个图形用户界面的操作系统。最早的 Windows 操作系统始于 1985 年，经历了 Windows1.0、Windows 2.0、Windows 3.0、Windows 3.1、Windows NT3.1、Windows 3.2、Windows 95、Windows NT4.0、Windows 98、Windows me、Windows 2000 以及 2001 年发布的 Windows XP、2007 年发布的 Windows Vista，2009 年发布的 Windows 7 各种版本的持续更新。Windows XP 共有 4 个版本，我们这里介绍的是家庭版（Windows XP Home Edition）。

3.1.2 Windows XP 的启动与退出

1．启动
按主机箱面板上方的电源按钮，即可启动 Windows XP 操作系统。
2．退出
单击桌面上的"开始"菜单，选择"关闭计算机"，会出现如图 3-1 所示的窗口，单击"关闭"按钮，即可关闭计算机。
3．用户切换和注销
单击桌面上的"开始"菜单，选择"注销"，会出现如图 3-2 所示的窗口。

图 3-1 关闭计算机

图 3-2 用户注销

如果选择"注销"，则当前用户打开的所有程序和文件都被关闭，可选择其他用户登录。如果选择"切换用户",则当前用户打开的程序和文件保持打开状态,允许其他用户登录。

3.1.3 Windows XP 的要素

操作系统是用户使用计算机的基础,计算机之所以能如此迅速地进入各行各业,进入寻常百姓家,跟 Windows 系列的图形用户界面是分不开的。图形用户界面(GUI),主要包括鼠标、图标、窗口等要素。有了这些要素,使用计算机时用户就不必记忆一些命令名称,而只要用鼠标去单击相应的图标即可执行相应的命令。

1. 图标、鼠标和窗口

(1)图标。Windows XP 启动完毕,用户登录后,系统显示的就是桌面,如图 3-3 所示。桌面左侧一般会有几个小图标:"我的电脑"、"我的文档"、"回收站"、"网上邻居"等。图形用户界面下所有的资源,如文档、应用程序、文件夹等都是以图标的形式存在的。

图 3-3 桌面和图标

(2)鼠标。鼠标有左右两个键,对鼠标的操作主要有单击、双击、拖动、右击 4 种。在没有特别说明的情况下,单击、双击或拖动指的是左键。将鼠标放在某个图标上单击一下,即可将该图标选中;如果在某个图标上双击(即连续两次快速击打左键)则可以将该图标的窗口打开;如果把鼠标放在某个图标上,并按下鼠标左键进行拖动,则可以将该图标移动到另外一个位置;如果在某个图标或桌面某个空白处单击鼠标右键,则会出现一个快捷菜单。

(3)窗口。在计算机上所要完成的所有工作都是在窗口中进行的。用鼠标双击不同的图标可以打开不同的窗口。在 Windows XP 系统中,所有窗口的结构和布局基本相同,都有标题栏、菜单栏、工具栏等,如图 3-4 所示。

标题栏最右边有 3 个按钮:"最大化"按钮、"最小化"按钮和"关闭"按钮,如图 3-4 所示。用鼠标单击"最小化"按钮可以将窗口隐藏起来,用户在桌面上看不见它;单击"最大化"按钮则可以将窗口最大化,充满整个屏幕;单击"关闭"按钮,则可以将窗口关闭。

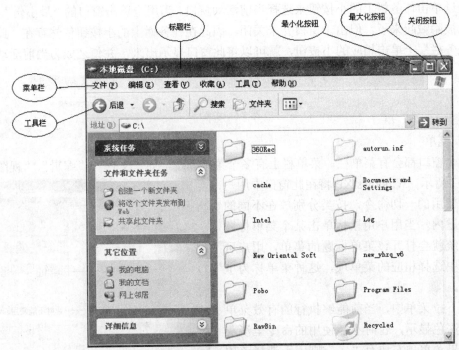

图 3-4　窗口的组成

在 Windows XP 中，还可以根据需要将窗口调整到任意大小。例如，将鼠标指针放在窗口的左边框或右边框上，鼠标指针的形状就会变成↔，此时按下鼠标左键进行左右拖动，就可以改变窗口的宽度；如果把鼠标指针放在上边框或下边框上，鼠标指针的形状会变成↕，这时按下鼠标左键上下拖动，就可以改变窗口的高度；如果把鼠标指针放在窗口的顶角上，鼠标指针的形状就会变成↖，这时按下鼠标左键拖动，就可以同时改变窗口的高度和宽度。

另外，也可以调整窗口的位置，只要把鼠标指针放在标题栏的空白处按下鼠标左键进行拖动，就可以把鼠标移动到想要的位置。

Windows XP 允许用户同时打开多个窗口，但在任何一个时刻，只能有一个窗口是当前活动窗口，而其他窗口都是非活动窗口。所谓"当前活动窗口"，就是指能够接收用户的命令或接收用户输入数据的窗口。当前活动窗口处于其他窗口的上面，不会被其他窗口挡住，而且窗口标题栏高亮显示，而非活动窗口的一部分或全部会被其他窗口挡住，其标题栏颜色较暗，如图 3-5 所示。

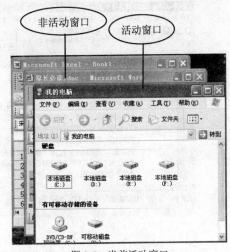

图 3-5　当前活动窗口

2. 任务栏

桌面的下方是任务栏。任务栏左边是"开始"菜单，右边是状态指示器，如图 3-6 所示。一般情况下，在"开始"菜单和"状态指示器"之间是空的，什么也没有，但是如果用户打开了一些窗口，那么在这部分区域内就会显示一些按钮。用户打开了几个窗口，在任务栏上就会有几个按钮，即任务栏上的每个按钮对应一个打开的窗口。

可以通过单击任务栏上的小按钮来选择当前活动窗口。当用户单击窗口的"最小化"按钮后，窗口就被隐藏起来了，但由于窗口并未关闭，因此在任务栏上的小按钮依然存在。此时只要在"任务栏"上单击相应的小按钮，就可以将此窗口显示出来，并使之成为当前活动窗口。

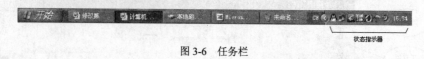

图 3-6　任务栏

3．菜单

每个窗口都会有菜单栏，菜单栏上有多个菜单标题，如"文件"、"编辑"、"视图"等，如图 3-7 所示。Windows XP 将在此窗口中用户有可能使用的一切命令，按类分别放在不同的菜单标题内，当用户用鼠标单击某个菜单标题时，系统就会打开该菜单标题的菜单，用户可以在其中选择相应的菜单项，这种菜单称为下拉菜单。

在下拉菜单中，当前能够执行的有效菜单命令以深色显示，暂时不能使用的命令呈淡灰色。如果菜单项右边有"…"则表示选择该项后会出现一个对话框。如果菜单项右边有一个黑三角形标志，则表明该菜单项有下一级子菜单，只要把鼠标放在黑三角形标志上停顿一会，子菜单就会出现。

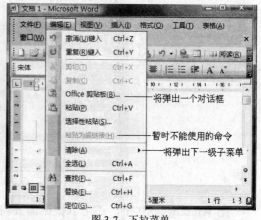

图 3-7　下拉菜单

为了方便用户使用，Windows XP 将用户最近未使用的菜单项隐藏起来，而只将一些常用的菜单项显示出来，有人把它称做"智能菜单"。如果想将该菜单标题中所有的菜单项都显示出来，只要单击下拉菜单下方的　�★　即可，如图 3-8 所示。

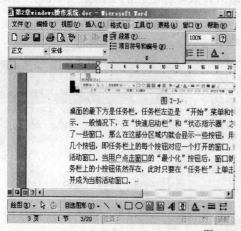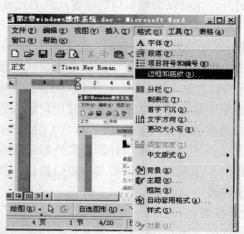

图 3-8　智能菜单

除了下拉菜单外，还有一种菜单叫弹出式快捷菜单，如图 3-9 所示。将鼠标放在某个图标上或某个空白区域，单击鼠标右键，即可弹出一个快捷菜单。快捷菜单中的命令是与对象相关的，即右击鼠标时的对象和位置不同，弹出菜单的内容也是不同的。

4．工具栏

通过菜单选择命令，要求用户记住需要的命令所在的菜单标题，如果记不住，得一个一个找，比较麻烦。为了解决这个问题，工具栏将用户经常使用的一些命令，以命令按钮的形式组织起来直接显示在窗口中，需要什么命令，直接单击就可以了，所以有时候使用工具栏可能更为方便。每个窗口提供的工具栏种类和个数是不同的，用户可以根据需要添加或隐藏一些工具栏。具体方法如下。

在工具栏右侧空白处，单击鼠标右键，在出现的快捷菜单中选择所需要的工具栏。

5．对话框

对话框是一种特殊的窗口。对话框与一般窗口的主要区别就是对话框的大小不能改变，其标题栏右侧也没有最大化、最小化按钮，如图 3-10 所示。

图 3-9 快捷菜单

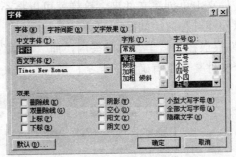

图 3-10 对话框

对话框是系统向用户提供的，与用户进行对话的场所。对话框中一般会有一些"标准控件"，用户可以通过这些"标准控件"进行一些选择或做一些设置。对话框中常见的"标准控件"主要有如下几个。

● 文本框：可以接收用户输入的文字。

● 列表框：显示了一些项目，允许用户从中选择。

● 下拉式列表框：单击右边的黑三角形可将项目显示出来，供用户选择。

● 单选钮：就像"单项选择题"，学生只能从 A、B、C、D 里选择一个。用户只能从一组单选钮中选择一项，被选中的单选钮圆圈里有黑点。

● 复选框：就像"多项选择题"，可以选择一项，也可以选择多项。被选中的复选框中有个勾号。

3.2 Windows XP 的文件管理操作

3.2.1 认识文件和文件夹

1．文件的概念

文件是操作系统用来存储和管理信息的基本单位，计算机中的所有信息，如用应用程序制作的文档，用计算机语言编写的程序等都以文件的形式存放在计算机里。可以将文件存放在各种外部存储器（硬盘、软盘、光盘、U 盘等）中。

2．文件名的命名规则

每一个文件都有一个确定的名字，文件的名称由文件名和扩展名两部分组成，扩展名和文件名之间被一个实心的原点"."分隔开。例如，11.doc，"11"是它的文件名，".doc"是它的扩展名。用户可以给文件命名，但文件的扩展名不是用户决定的。例如，用 Word 创建的文件的扩展名都是".doc"。一般来说，同一类型的文件扩展名是相同的，换句话说，根据文件的扩展名可以判断哪些文件是一类的。

文件名不区分大小写，例如 a.doc 和 A.doc 代表同一个文件；另外，有些字符，如"\"、"/"、":"、"*"、"?"、"""、"<"、">"不能出现在文件名中。

3．文件的组织形式

存储器的作用是存放文件。为了将各种文件分类存放，用户可以在存储器中创建多个文件夹，在文件夹中再创建文件夹，这样就可以将不同的文件分类一层一层地存放在相应的文件夹中，以便随时存取。如图 3-11 所示，"33.txt"和"44.txt"文件放在"学生"文件夹内，"学生"文件夹放在"教学"文件夹内，而"教学"文件夹放在 C 盘下。

每一个文件夹也都有确定的名字，通常文件夹没有扩展名。

图 3-11　文件的组织形式

4．文件（或文件夹）路径

存放在计算机中的每一个文件或文件夹都有路径，路径就是对文件（或文件夹）存放地点的一个描述。路径通常是从盘符开始，以"\"作分隔符，如"C:\教学\学生\33.txt"就是文件"33.txt"的完整路径。通过路径，可以知道 C 盘下有一个名为"教学"的文件夹，"教学"文件夹下有一个名叫"学生"的文件夹，而 33.txt 文件就存放在"学生"这个文件夹下。

5．我的电脑

"我的电脑"是 Windows 操作系统管理文件和文件夹的一个工具。利用它，可以查看存放在不同盘符下的文件夹的内容，可以打开文件、查找文件、移动文件、复制文件等。可以说，凡是跟文件或文件夹有关的操作都可以在这个窗口中进行。

用鼠标双击桌面上的"我的电脑"图标，就可以打开"我的电脑"窗口，如图 3-12 所示。窗口列出了所有存储设备的图标，硬盘被分成了 4 个逻辑盘，分别用字母"C:"、"D:"、"E:"、"F:"来表示，"G:"代表光盘。用鼠标双击不同的盘符，可查看不同存储器里的内容，如双击盘符 D:，则会打开一个窗口，如图 3-13 所示，里面显示了 D 盘里所有的文件和文件夹。

　　如果想打开某个文件夹或文件，只要用鼠标去双击相应的图标即可。例如，想打开"CA"文件夹，则把鼠标指针放在该图标上，双击即可打开该文件夹，查看该文件夹中的内容。

图 3-12　"我的电脑"窗口

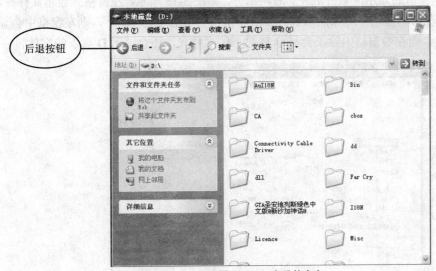

图 3-13　D 盘里的内容

　　"我的电脑"窗口中内容的显示方式是可以改变的，单击"查看"菜单，在此菜单里有"略缩图"、"平铺"、"图标"、"列表"、"详细信息"这几个选项，用户可以从中任意选取一个，即可改变窗口的显示方式。例如，选择"平铺"，则显式方式如图 3-13 所示；如选择了"列表"，则显式方式如图 3-14 所示。

　　6．资源管理器

　　"资源管理器"与"我的电脑"相似，是 Windows XP 提供的另一个查看和管理计算机资源的应用程序。可以用下述方法打开"资源管理器"窗口。

　　方法一：用鼠标右键单击"开始"按钮，在弹出的快捷菜单中选择"资源管理器"。

　　方法二：在桌面上 "我的电脑"、"我的文档"、"网上邻居"、"回收站"中的任意一个图标上单击鼠标右键，从弹出的快捷菜单中选择"资源管理器"。

图 3-14 "列表"显示方式

"资源管理器"窗口的显示区被分成左、右两部分，如图 3-15 所示，左窗格只显示文件夹，右窗格里显示的是左窗格被选中对象的内容。单击左窗格"本地磁盘（D:）"，则左窗格中会显示 D 盘下的文件夹，而在右窗格中除了会显示 D 盘下的文件夹，还会显示 D 盘下的文件。

图 3-15 "资源管理器"窗口

在左窗格中，有的图标左侧有⊞，有的图标左侧没有⊞，这是怎么回事？图标左侧有⊞，表明该对象内有子文件夹；而没有⊞，则表明该对象内没有子文件夹。

3.2.2 创建文件和文件夹

任务 3-1：新建文件夹并命名。

在 D 盘下创建一新的文件夹，并命名为"王小强"。

操作步骤如下。

（1）双击桌面上"我的电脑"图标，打开"我的电脑"窗口。

（2）双击 D 盘盘符，打开"本地磁盘（D:）"窗口。

（3）采用下述任意一种方法，在"本地磁盘（D:）"窗口中新建一文件夹。

方法一：在窗口的空白处单击鼠标右键，在出现的快捷菜单中选择"新建"→"文件夹"命令。

方法二：单击菜单"文件"→"新建"→"文件夹"命令。

这时候在此窗口内就会出现一个新的文件夹，默认名称为"新建文件夹"，如图 3-16 所示。

图 3-16　新建文件夹

（4）将"新建文件夹"改名为"王小强"。

从键盘上输入"王小强"这几个字，输入完毕按回车键即可。

试一试：在"王小强"文件夹下创建一新文件夹，并命名为"一级考试"。

3.2.3　选定文件和文件夹

任务 3-2：选定文件或文件夹。

操作步骤如下。

（1）双击"我的电脑"图标，打开"我的电脑"窗口。

（2）双击 D 盘盘符，打开"本地磁盘（D:）"窗口。

（3）选中单个文件（夹）：将鼠标指针放在任意一个图标上单击鼠标左键，即可将该图标选中。

（4）选中几个位置连续的文件或文件夹，如图 3-17 所示。

① 先选中开头的 AuI18N 文件夹。

② 按住 Shift 键不放，同时再用鼠标左键去单击最后一个要选中的 d11 文件夹。

③ 先松开鼠标左键，再松开 Shift 键，即可把这几个文件夹全选中。

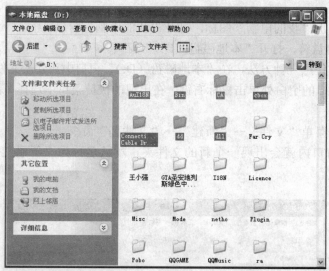

图 3-17　选中一组连续的文件和文件夹

（5）选中几个位置上不连续的文件和文件夹。

① 按下 Ctrl 键，然后一一单击想要选中的文件或文件夹。

② 选择完后松开 Ctrl 键即可，如图 3-18 所示。

图 3-18　选中一组不连续的文件和文件夹

注意： 在 Windows XP 下，几乎在进行所有操作之前都要先选定，即"先选定，后操作"。

3.2.4　移动文件和文件夹

任务 3-3： 移动文件夹。

将 D 盘中的"王小强"文件夹，移动到 C 盘根目录下。

操作步骤如下。

（1）打开操作对象所在文件夹的窗口，即从"我的电脑"窗口，打开"本地磁盘（D:）"窗口。

（2）用下述任意一种方法对操作对象进行剪切。

方法一：在"王小强"文件夹图标上单击鼠标右键，在出现的快捷菜单中选择"剪切"。

方法二：先选定"王小强"文件夹，然后单击菜单栏中的"编辑"→"剪切"命令。

方法三：先选定"王小强"文件夹，然后按"Ctrl+X"快捷键。

（3）打开目标文件夹"本地磁盘（C:）"窗口。

单击"本地磁盘（D:）"窗口工具栏上的"后退"按钮，退回到"我的电脑"窗口。用鼠标双击 C 盘盘符，打开"本地磁盘（C:）"窗口。

（4）用下述任意一种方法将操作对象"王小强"文件夹粘贴到 C 盘。

方法一：在"本地磁盘（C:）"窗口的空白处单击鼠标右键，在出现的快捷菜单中选择"粘贴"。

方法二：单击"本地磁盘（C:）"窗口菜单栏中的"编辑"→"粘贴"命令。

方法三：在"本地磁盘（C:）"窗口的空白处直接按"Ctrl+V"快捷键。

（5）关闭窗口。

注意：将一个文件或文件夹从原位置移动到目标位置后，原位置就没有该文件或文件夹了。

3.2.5　复制文件和文件夹

任务 3-4：复制文件夹。

将 C 盘中的"王小强"文件夹复制到 D 盘。

操作步骤如下。

（1）从"我的电脑"中打开 C 盘的窗口。

（2）用下述任意一种方法对操作对象"王小强"文件夹进行"复制"。

方法一：在"王小强"文件夹图标上单击鼠标右键，在出现的快捷菜单中选择"复制"命令。

方法二：先选定"王小强"文件夹，然后单击窗口菜单栏中的"编辑"→"复制"命令。

方法三：先选定"王小强"文件夹，然后按"Ctrl+C"快捷键。

（3）打开目标窗口"本地磁盘（C:）"。

（4）用下述任意一种方法将操作对象"王小强"文件夹粘贴到"本地磁盘（D:）"。

方法一：在"本地磁盘（D:）"窗口的空白处单击鼠标右键，在出现的快捷菜单中选择"粘贴"。

方法二：单击"本地磁盘（D:）"窗口菜单栏中的"编辑"→"粘贴"命令。

方法三：在"本地磁盘（D:）"窗口的空白处直接按"Ctrl+V"快捷键。

（5）将窗口关闭。

注意：将一个文件或文件夹从原位置复制到目标位置后，原位置和目标位置都有该文件或文件夹。

任务 3-5：使用鼠标拖动的方法对文件进行移动或复制。

操作步骤如下。

（1）在"桌面"上新建一个名为"王小强"的文件夹。

在"桌面"空白处单击鼠标右键，在出现的快捷菜单中选择"新建"→"文件夹"命令，将文件夹名称改为"王小强"。

（2）在"桌面"上新建一个名为"一级考试"的文本文件。

① 在"桌面"空白处单击鼠标右键，在出现的快捷菜单中选择"新建"→"文本文件"命令。

② 这时会在桌面上出现一个名为"新建文本文档.txt"的文件，.txt 为文本文件的扩展名。

③ 将"新建文本文档"的文件名改为"一级考试"。

（3）用鼠标拖动的方法将桌面上名为"一级考试.txt"的文本文件移动到"李小强"文件夹中。

把鼠标指针放在"一级考试.txt"文件上，按下鼠标左键进行拖动，拖到"王小强"文件夹上，当"王小强"文件夹呈蓝色被选中状态时，松开鼠标左键即可。如果想复制，则应在拖动的同时按住 Ctrl 键。

3.2.6 删除文件和文件夹

任务 3-6：删除文件夹。

将 D 盘中的"王小强"文件夹删除。

操作步骤如下。

（1）从"我的电脑"打开 "本地磁盘（D:）"窗口。

（2）用下述任意一种方法删除"王小强"文件夹。

方法一：在"王小强"文件夹图标上单击鼠标右键，在出现的快捷菜单中选择"删除"。

方法二：先选定"王小强"文件夹，然后单击菜单栏中的"文件"→"删除"命令。

方法三：先选定"王小强"文件夹，然后按"Ctrl+D"快捷键。

注意： 按上述步骤被删除的文件或文件夹只是被放到"回收站"里，并没有从计算机里真正删除。就像我们平常把不用的东西扔到废纸篓里一样，如果后悔了，还可以将它们从废纸篓里拿回来。同样，被放到"回收站"里的文件或文件夹，也可以从回收站里还原到原来的位置。将"回收站"里的文件或文件夹还原到原来的位置的方法见任务 3-7。

如果在"回收站"里将文件或文件夹删除了，那就无法挽回了。将一个文件或文件夹彻底从计算机里删除的方法见任务 3-8。

任务 3-7：将回收站中的"王小强"文件夹恢复到原来的位置。

操作步骤如下。

（1）双击"回收站"图标，打开"回收站"窗口。

（2）用下述任意一种方法还原"王小强"文件夹。

方法一：在"王小强"文件夹图标上单击鼠标右键，在出现的快捷菜单中选择"还原"。

方法二：先选定"王小强"文件夹，然后单击菜单栏中的"文件"→"还原"命令。

（3）关闭"回收站"窗口。

任务 3-8：将回收站中的文件删除。

操作步骤如下。

（1）双击"回收站"图标，打开"回收站"窗口。

（2）选中要删除的文件或文件夹。

（3）用下述任意一种方法执行删除。

方法一：在要删除的文件上单击鼠标右键，在出现的快捷菜单中选择"删除"。

方法二：单击菜单栏中的"文件"→"删除"命令。

（4）关闭"回收站"窗口。

注意： 一般情况下，从"回收站"里删除的文件就无法恢复了，除非使用专用的数据恢复软件。

3.2.7 重命名文件和文件夹

任务 3-9：文件夹重命名。

将 D 盘中的"王小强"文件夹重命名为"李小红"。

操作步骤如下。

（1）打开 D 盘窗口。

（2）用下述任意一种方法更改文件夹名称。

方法一：在"王小强"图标上单击鼠标右键，在出现的快捷菜单中选择"重命名"，然后从键盘上输入"李小红"按回车键确认。

方法二：先选定文件夹"王小强"，然后单击菜单栏中的"文件"→"重命名"命令，最后从键盘上输入"李小红"，按回车键确认。

方法三：先选定文件夹"王小强"，然后再在文件名上单击一下，最后从键盘上输入"李小红"，按回车键确认。

（3）关闭窗口。

3.2.8 创建快捷方式

快捷方式是一类特殊的文件，通常只占几个字节。用户可以为一个应用程序（或一个文件，或一个文件夹）创建快捷方式，快捷方式里包含了打开这个应用程序（或一个文件，或一个文件夹）所需的全部信息。我们可以为那些经常要运行的程序，及经常使用的文件，在桌面创建快捷方式，以便快速访问。

任务 3-10：在桌面上创建一个快捷方式。

操作步骤如下。

（1）打开 D 盘窗口。

（2）在某个文件（文件夹）上单击鼠标右键，在出现的快捷菜单中选择"发送到"→"桌面快捷方式"命令。

图 3-19 快捷方式图标

此时，会在桌面显示该文件（文件夹）的快捷方式图标，如图 3-19 所示。以后，只要双击桌面上的这个快捷方式即可打开该文件。

3.2.9 浏览和搜索文件

什么时候需要进行搜索？如果需要打开存放在计算机中的一个文件或文件夹，但由于时间长了，把它的存放地点给忘记了，这时就可以借助"搜索"功能找到满足条件的文件或文件夹。搜索前，只要提供一些相关信息，如这个文件名可能包含的字符、文件的扩展名，或者文件上一次的修改时间等，提供的信息越多、越准确、范围越小，搜索就越快。

用户可以用"*"代表多个字符，用"？"代表一个字符，如"w?.exe"，就表示要查找的是以字母 w 开头的，文件名为 2 个字符，扩展名为.exe 的文件。如果只记得文件名是以字母 w 开头，扩展名为.exe，而文件名有几个字符记不太清楚了，就要输入"w*.exe"。

任务 3-11：搜索 C 盘中以字母"W"开头的，扩展名为".exe"的所有文件。

操作步骤如下。

（1）单击"开始"菜单→"搜索"命令，打开"搜索结果"对话框，如图 3-20 所示。

（2）在"全部或部分文件名"框中，键入要查找的文件名："W*.EXE"。

（3）选择搜索范围为 C 盘。

（4）单击"搜索"按钮。

图 3-20　搜索文件或文件夹

提示：在"我的电脑"窗口中和"资源管理器"窗口中都可以进行搜索。

3.2.10　隐藏文件扩展名

任务 3-12：隐藏文件的扩展名。

操作步骤如下。

（1）打开"我的电脑"窗口。

（2）选择菜单栏上的"工具"→"文件夹选项"命令，如图 3-21 所示。

（3）在打开的"文件夹选项"窗口中，选择"查看"选项卡，如图 3-22 所示。

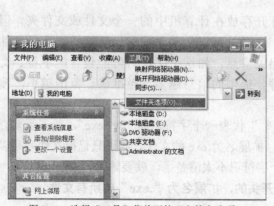

图 3-21　选择"工具"菜单下的"文件夹选项"

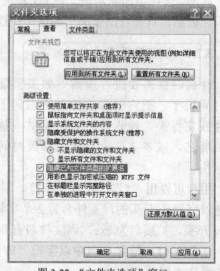

图 3-22　"文件夹选项"窗口

（4）在"高级设置"列表框中，找到"隐藏已知文件类型的扩展名"复选框，并在此项目上单击一下，将此复选框选中，则可以将文件的扩展名隐藏起来。

用此方法也可以将隐藏起来的扩展名再显示出来。

3.3　Windows XP 系统设置操作

3.3.1　中文输入法

任务 3-13：安装"双拼"输入法。

操作步骤如下。

（1）单击"开始"菜单→"控制面板"命令，打开"控制面板"窗口。

（2）双击"区域和语言选项"图标，打开"区域和语言选项"对话框，如图 3-23 所示。

（3）选择"语言"选项卡。

（4）单击"详细信息"按钮，打开"文字服务和输入语言"对话框，如图 3-24 所示。

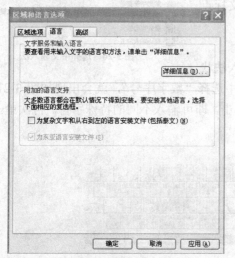
图 3-23　"区域和语言选项"对话框

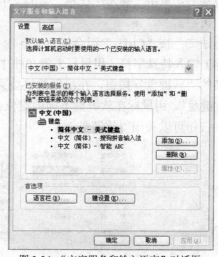
图 3-24　"文字服务和输入语言"对话框

（5）单击"添加"按钮，打开"添加输入语言"对话框，如图 3-25 所示。

（6）单击"键盘布局/输入法"下拉列表框右边的按钮，在出现的列表项目中选择 "双拼"输入法，单击"确定"，将各个窗口关闭。

注意：任务栏右侧的语言栏按钮如果是 CH，则表示目前是中文输入状态；如果是 EN，则表示目前是英文输入状态。

图 3-25　"添加输入语言"对话框

任务 3-14：删除"双拼"输入法。

操作步骤如下。

（1）单击"开始"菜单→"控制面板"命令，打开"控制面板"窗口。

（2）双击"区域和语言选项"图标，打开"区域和语言选项"对话框。

（3）选择"语言"选项卡。

（4）单击"详细信息"按钮，打开"文字服务和输入语言"对话框。

（5）在"已安装的服务"下的列表框中选定要删除的输入法，然后单击"删除"。

（6）单击"确定"按钮，将各个窗口关闭。

任务 3-15：使用"智能 ABC 输入法"。

操作步骤如下。

（1）单击"开始"菜单，选择"程序"→"附件"→"记事本"命令，打开"记事本"窗口。

（2）选择"智能 ABC 输入法"。

方法一：按"Ctrl+空格"键切换到中文输入状态，然后按"Ctrl+Shift"键切换中文输入法，直到出现"智能 ABC 输入法"标志为止。

方法二：用鼠标左键单击"任务栏"上的"语言栏"，屏幕上会出现当前系统已安装的中文输入法列表，单击要选用的输入法"智能 ABC 输入法"即可，如图 3-26 所示。

（3）切换成中文标点状态。

方法一：单击"输入法状态"条的"中英文标点切换"按钮。

方法二：按"Ctrl+."组合键。

（4）输入特殊字符。用鼠标右键单击"输入法状

图 3-26 选择中文输入法

态"条的"软键盘"按钮，在出现的快捷菜单中选择"数字序号"，就会出现如图 3-27 所示的"软键盘"，用鼠标在软键盘不同的键位上单击，即可输入不同的特殊字符。再次单击"软键盘"按钮可以关闭"软键盘"。

图 3-27 软键盘

（5）输入英文字母。

方法一：按"Ctrl+空格"组合键切换到英文输入状态。

方法二：单击"输入法状态"条的"中英文切换"按钮。

"Caps Lock"键可以控制输入大写英文字母或小写英文字母。当"Caps Lock"指示灯亮时，在英文输入状态下输入的是大写英文字母。这时，按一下"Caps Lock"键，"Caps Lock"指示灯就会熄灭，此时输入的就是小写英文字母。

（6）将文档以"作业.txt"为名称保存下来。

单击"记事本"窗口的"文件"菜单，选择"保存"命令，就会出现"另存为"对话框，如图 3-28 所示。在此窗口中可以保存文件。

① 选择文档的保存位置，单击"保存在"下拉列表框右边的按钮，从列表中选择目标

文件夹，如"李小红"。

图 3-28 "另存为"对话框

② 给文档命名。在"文件名"文本框中输入文件名，如"二级考试"。

③ 单击"保存"按钮后，该文档就以指定的名称保存在指定的文件夹中了。

注意：在英文标点状态下，所有标点与键盘一一对应；在中文标点状态下，中文标点符号与键盘的对照关系如表 3-1 所示。

表 3-1　　　　　　　　　　　中文标点符号与键盘的对照关系

中 文 符 号	键　位	中 文 符 号	键　位
。句号	.	）右括号	)
，逗号	,	《〈单双书名号	<
；分号	;	〉〉〉 单双书名号	>
：冒号	:	……省略号	^
？问号	?	——破折号	—
！感叹号	!	、顿号	\
""双引号	""	·间隔号	@
''单引号	''	一连接号	&
（左括号	(	￥人民币符号	$

3.3.2　设置用户账号

任务 3-16：建立一个新账户。

操作步骤如下。

（1）单击"开始"菜单，选择"控制面板"→"用户帐户"命令，即可打开"用户帐户"

窗口，如图3-29所示。

图3-29 "用户帐户"窗口

（2）用鼠标单击"创建一个新帐户"，在"为新帐户键入一个名称"文本框中输入用户账户名，如图3-30所示，单击"下一步"按钮。

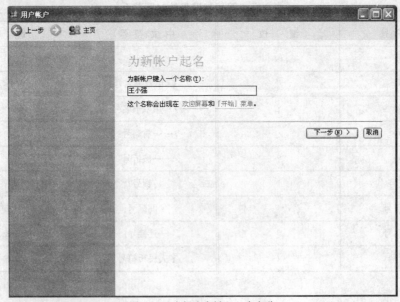

图3-30 为新账户键入一个名称

（3）为新账户设置账户类型，如图3-31所示。

（4）单击"创建帐户"按钮，会出现如图3-32所示的窗口。

（5）将窗口关闭即可。

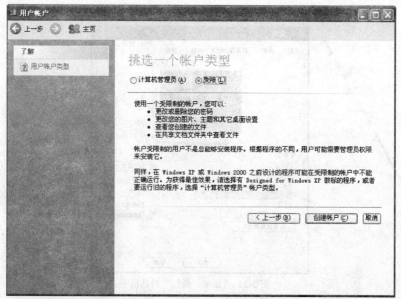

图 3-31　为新账户设置账户类型

图 3-32　添加的新账户"王小强"

3.3.3　设置系统工作环境

任务 3-17：给桌面设置一个背景。

操作步骤如下。

（1）单击"开始"菜单，选择"控制面板"→"显示"命令，打开如图 3-33 所示的"显示属性"对话框。

（2）在打开的"显示　属性"窗口中，选择"桌面"选项卡。

（3）在"背景"列表框中选择喜欢的图案，再单击"确定"。

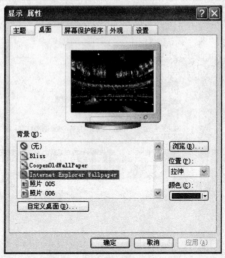

图 3-33 "显示 属性"对话框

任务 3-18：设置刷新频率。

操作步骤如下。

（1）打开"控制面板"窗口，用鼠标双击"显示"图标。

（2）在打开的"显示 属性"对话框中，选择"设置"选项卡，如图 3-34 所示。

（3）单击"高级"按钮。

（4）在打开的对话框中选择"监视器"选项卡，在"屏幕刷新频率"下拉列表框中选择"85 赫兹"，如图 3-35 所示。

图 3-34 "设置"选项卡

图 3-35 设置"刷新频率"

（5）单击"确定"按钮关闭窗口。

提示：当"屏幕刷新频率"不足 75Hz 时，显示器屏幕会闪烁得很厉害，容易引起眼睛疲劳，所以在使用计算机之前应先查看，并设置一下计算机的刷新频率。

3.3.4　配置网上邻居

任务 3-19：设置共享文件夹。

操作步骤如下。

（1）从"我的电脑"打开"本地磁盘（C:）"窗口。

（2）在"SPKSSYS"文件夹图标上单击右键，在出现的快捷菜单上选择"属性"。

（3）在打开的"SPKSSYS 属性"对话框中选择"共享"选项卡，如图 3-36 所示。

（4）选中"共享此文件夹"单选钮。

（5）单击"确定"按钮，设置为共享的 SPKSSYS 文件夹图标下有个手型，如图 3-37 所示。

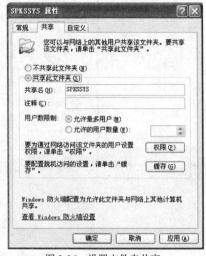

图 3-36　设置文件夹共享

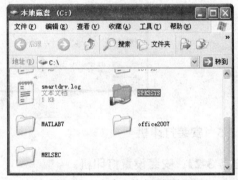

图 3-37　共享文件夹图标效果

任务 3-20：设置网络映射。

操作步骤如下。

（1）打开"网上邻居"窗口，双击"邻近的计算机"，找到名为 e11（Fw033）计算机中的共享文件夹 SPKSSYS，如图 3-38 所示。

（2）右击 SPKSSYS 文件夹，在出现的快捷菜单中选择"映射网络驱动器"，弹出"映射网络驱动器"对话框，如图 3-39 所示。

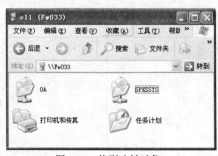

图 3-38　找到映射对象

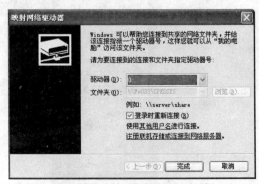

图 3-39　"映射网络驱动器"对话框

（3）在"映射网络驱动器"对话框中，单击"驱动器"下拉菜单，选择驱动器盘符。

注意：要选中"登录时重新连接"复选框，这样每次启动计算机，计算机都会自动连接到该映射；如果不选中该复选框，则映射的网络驱动器在下次启动计算机时将不存在。

（4）单击"完成"按钮关闭窗口。

（5）打开"我的电脑"，如图 3-40 所示，直接双击映射的盘符 O，就可以访问网络计算机 e11（Fw033）的共享文件夹 SPKSSYS。

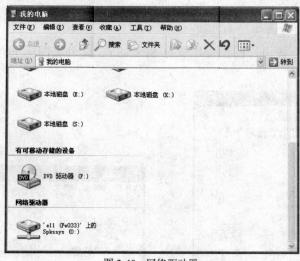

图 3-40　网络驱动器

3.3.5　安装打印机

任务 3-21：安装设置打印机。

操作步骤如下。

（1）单击"开始"菜单→"打印机和传真"命令，打开"打印机和传真"窗口，如图 3-41 所示。

图 3-41　安装打印机窗口

（2）单击窗口左侧"打印机任务"中的"添加打印机"，打开"添加打印机向导"对话框，如图 3-42 所示。

该窗口提示用户将打印机电缆插入计算机相应端口。

（3）单击"下一步"按钮，打开如图 3-43 所示的对话框。

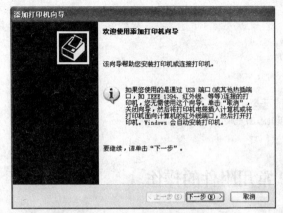

图 3-42　"添加打印机向导"对话框

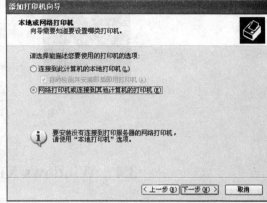

图 3-43　选择本地打印机或网络打印机

该窗口有两个选项。如果用户安装的是本地打印机，则选择第 1 个单选钮。如果用户安装的是网络打印机，则应选择第 2 个单选钮。

（4）单击"下一步"按钮，打开如图 3-44 所示的对话框，选择第 1 项"浏览打印机"。

（5）单击"下一步"按钮，在如图 3-45 所示的对话框中，从"共享打印机"列表框中选择要使用的网络打印机。

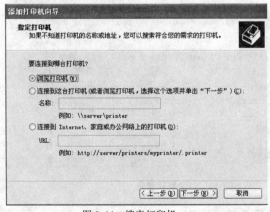

图 3-44　搜索打印机

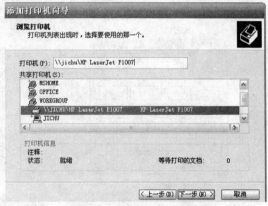

图 3-45　选择打印机

（6）单击"下一步"按钮，会出现如图 3-46 所示的对话框。

图 3-46　提示对话框

（7）选择"是"按钮，则会出现如图 3-47 所示的对话框，单击"完成"按钮即可。

图 3-47　打印机添加完成

3.4　Windows XP 常用附件的操作

3.4.1　计算器

单击"开始"菜单，选择"程序"→"附件"→"计算器"命令，即可打开计算器，如图 3-48 所示。

计算器窗口有两种，一种是标准型（见图 3-48），一种是科学型。选择菜单栏中的"查看"→"科学型"命令，计算器即变成科学型，如图 3-49 所示。

图 3-48　标准型计算器

图 3-49　科学型计算器

任务 3-22：使用计算器的"**x^y**"按钮，计算 **3** 的 **5** 次方。

操作步骤如下。

（1）用鼠标单击"3"。

（2）单击"x^y"。

（3）单击"5"。

（4）单击"="，则输入框中显示计算的结果"243"。

任务 3-23：使用计算器的"**CE**"和"**C**"按钮删除输入框中的内容。

操作步骤如下。

（1）用鼠标单击"11"。

（2）单击"+"。

（3）单击"22"。如此时不小心输成"33"，只要单击"CE"键，即可删除当前输入框中的"33"，然后重新输入"22"。

（4）单击"="，即可算出正确结果。

提示：如果在第 3 步出错时，单击"C"键，那么计算器将清除刚才的输入的全部值，这样的话，就得从第 1 步开始重头输入。

任务 **3-24**：使用计算器的"**MC**"、"**MR**"、"**MS**"、"**M+**"按钮，计算"**2+3×5**"。

操作步骤如下。

（1）先计算 3×5。

（2）单击"MS"，将上一步的计算结果"15"保存在存储器中。

（3）单击"2"。

（4）单击"+"。

（5）单击"MR"，读取刚才储存的数据"15"。

（6）单击"="，即可得到"2+3×5"的最终计算结果"17"。

（7）单击"MC"，将存储器储存的数据"15"清除。

注意：如果在第 4 步单击的是"M+"，最终也可得到"17"，所不同的是，这个"17"会被直接送到存储器里存储起来。

任务 **3-25**：将十进制数转换成二进制数。

操作步骤如下。

（1）选中"十进制"单选钮，如图 3-50 所示。

（2）输入"12"。

（3）选中"二进制"单选钮，结果如图 3-51 所示。

图 3-50　选择十进制

图 3-51　选择二进制

3.4.2　画图

单击"开始"菜单，选择"程序"→"附件"→"画图"命令，即可打开画图窗口。

任务 **3-26**：利用"画图"来作画。

操作步骤如下。

（1）打开"画图"窗口。

（2）在窗口左侧工具箱中用鼠标单击，然后在画图区画一个椭圆。

（3）在工具箱中单击 ，在椭圆上画一个矩形。

（4）在工具箱中单击 。

（5）在窗口下方的颜料盒中单击大红色，在椭圆和矩形重合的地方单击一下，则这部分区域被着成大红色。

（6）在窗口下方的颜料盒中单击深蓝色，在椭圆未着色部分单击一下，则椭圆其他区域被着成深蓝色。

（7）在窗口下方的颜料盒中单击玫红色，在矩形未着色部分单击一下，则矩形其他区域被着成玫红色，如图 3-52 所法。

图 3-52　画图

3.4.3　写字板和记事本

写字板和记事本是 Windows XP 自带的，可以记录文本的两个小程序。单击"开始"菜单，选择"所有程序"→"附件"命令，即可打开"记事本"或"写字板"。

用"记事本"生成的文件扩展名为".txt"，如图 3-53 所示；用"写字板"生成的文件扩展名为".rtf"，如图 3-54 所示。

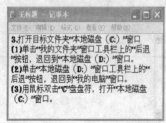

图 3-53　记事本

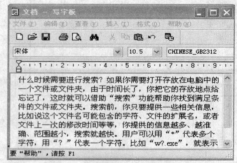

图 3-54　写字板

3.4.4　录音机

任务 3-27：录制计算机播放的音乐。

操作步骤如下。

（1）双击任务栏右侧的"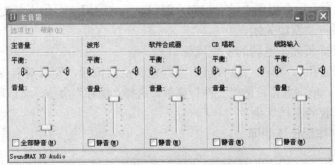"图标，打开"主音量"窗口，如图 3-55 所示。

图 3-55　"主音量"窗口

（2）选择"选项"菜单的"属性"命令，打开"属性"对话框，如图 3-56 所示。

（3）在"属性"对话框中选中"录音"单选钮，然后再将下方的"立体声混音"选中。

（4）单击"确定"按钮后会出现"录音控制"窗口，如图 3-57 所示。在此窗口中选中"立体声混音"下方的"选择"复选框。

图 3-56　"属性"对话框

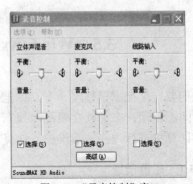

图 3-57　"录音控制"窗口

（5）单击"开始"菜单，选择"附件"→"娱乐"→"录音机"命令，打开"声音—录音机"窗口，如图 3-58 所示。

（6）打开 QQ 音乐，播放歌曲。同时单击"声音—录音机"窗口中带红色圆点的按钮，进行录音。

（7）录音完毕，单击录音机"编辑"菜单的"删除当前位置以前的内容"或"删除当前位置以后的内容"，对音乐进行取舍。

图 3-58　"声音—录音机"窗口

（8）单击窗口菜单栏的"文件"→"保存"命令，将编辑过的歌曲以"11.wav"为文件名保存到"我的文档"中。

任务 3-28：录制计算机以外的声音。

操作步骤如下。

（1）打开"主音量"窗口。

（2）选择"选项"菜单的"属性"命令，打开"属性"对话框。

（3）在"属性"对话框中选择"录音"单选钮，然后取消选择下方的"立体声混音"。

（4）单击"确定"后会出现"录音控制"窗口，在此窗口中再单击"麦克风"下方的"选择"复选框，然后将此窗口关闭。

（5）将麦克风插头插在电脑的麦克风插口上。

（6）打开"录音机"，单击"录音机"有红色圆点的按钮，即可对着麦克风朗诵一首诗。

（7）录音完毕，单击录音机的"文件"菜单，选择"保存"命令，将该段音频以"22.wav"为文件名保存到"我的文档"中。

任务 3-29：制作配乐诗朗诵。

操作步骤如下。

（1）打开"声音—录音机"窗口，选择"文件"菜单的"打开"命令，将存放在"我的文档"中的"11.wav"文件打开。

（2）单击"录音机"的播放按钮。

（3）播放一段时间后，单击"编辑"菜单的"与文件混音"命令，此时会弹出一个对话框，通过这个对话框去找到"22.wav"。此时就可以听到正宗的配乐诗朗诵了。

（4）等到播放完毕，单击录音机的"文件"菜单，选择"另存为"命令，将该配乐诗朗诵以"33.wav"为文件名保存到"我的文档"中。

这时即可单击文件"33.wav"播放，欣赏一下这完美的组合。

3.5　Windows XP 系统维护的基本操作

我们要定期把家里整理一下，如把一些不用的东西清理掉，把一些东西要按类放好。如果长时间不整理，家里就会很乱，找东西也不方便。计算机也是一样，使用一段时间后，就应该对计算机进行一些日常维护。计算机的日常维护主要包括磁盘清理、碎片整理等。

3.5.1　磁盘清理

"磁盘清理"的主要任务就是清除。用户在使用计算机的过程中会产生一些临时文件，而这些临时文件会占据大量的磁盘空间，通过"磁盘清理"就可以将这些临时文件从计算机里删除掉。具体操作步骤如下：单击"开始"菜单，选择"程序"→"附件"→"系统工具"→"磁盘清理"命令，将弹出"选择驱动器"对话框，如图 3-59 所示。选择要清理的驱动器，单击"确定"按钮，即可开始清理。

图 3-59　"选择驱动器"对话框

3.5.2　磁盘碎片整理

计算机在长时间使用之后，由于不断地删除、添加文件，在硬盘里就会形成一些物理位置不连续的文件，即文件被分成许多"碎片"，从而导致计算机在操作文件时要花很多的时间。使用"磁盘碎片整理"可以清除磁盘上的碎片，将每个文件存储在连续的位置上。

单击"开始"菜单，选择"程序"→"附件"→"系统工具"→"磁盘碎片整理"命令，就可以运行"磁盘碎片整理"程序，如图 3-60 所示。由于进行"磁盘碎片整理"需要很长的时间，所以一般选择在晚上不用计算机时进行。

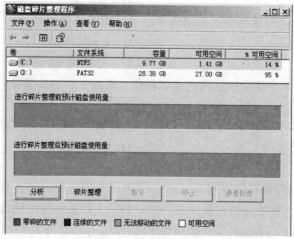

图 3-60　磁盘碎片整理

3.6　课 后 练 习

一、选择题

1. 在 Windows XP 中，用户可以同时打开多个窗口，此时_____。

A．所有窗口的程序都处于后台运行状态

B．所有窗口的程序都处于前台运行状态

C．只能有一个窗口处于激活状态，它的标题栏颜色与众不同

D．只能有一个窗口处于前台运行状态，而其余窗口的程序则处于停止运行状态

2. 在 Windows XP 中，"任务栏"的作用有_____。

A．显示系统的所有功能　　　　　　　B．只显示当前活动窗口名

C．只显示正在后台工作的窗口名　　　D．实现窗口之间的切换

3. 在 Windows XP 中，通过鼠标右击所弹出的菜单叫_____。

A．级联菜单　　　　B．快捷菜单　　　　C．复选菜单　　　D．主菜单

4. 删除 Windows XP 桌面上的某个应用程序的快捷图标，意味着_____。

A．该应用程序连同其图标一起被删除

B．只删除了该应用程序，对应的图标被隐藏

C．只删除了图标，对应的应用程序被保留

D．该应用程序连同其图标一起被隐藏

5. 在 Windows XP 中，如果某任务长时间不响应用户的操作，可使用_____组合键打开任务管理器结束该任务。

A．Shift+Esc+Tab　　　　　　　　　B．Ctrl+Shift+Enter

C．Alt+Shift+Enter　　　　　　　　　D．Alt+Ctrl+Del

6. 在 Windows XP 中，当一个文档被保存并关闭后，该文档将_____。

A. 保存在外存中　　　　　　　　　B. 保存在内存中

C. 保存在剪贴板中　　　　　　　　D. 在回收站中

7. 下列操作中，能对系统中所有的输入法进行轮流切换的是_____。

A. Ctrl+Shift 键　　　　　　　　　B. Ctrl+空格键

C. Alt+Shift 键　　　　　　　　　 D. Shift+空格键

8. 在 Windows XP 中连续执行两次剪切操作，然后在目标位置执行"粘贴"命令，则粘贴结果一般为_____。

A. 两次剪切内容的累计　　　　　　B. 第 1 次剪切的内容

C. 第 2 次剪切的内容　　　　　　　D. 无效操作

9. 一个文档被应用程序打开的过程，其实是_____。

A. 文档从内存送到外存的过程　　　B. 文档从外存送到 CPU 的过程

C. 文档从 CPU 送到外存的过程　　 D. 文档从外存送到内存的过程

10. 当 Windows XP 正在运行某个应用程序时，若鼠标指针变为"沙漏"状，表明_____。

A. 当前执行的程序出错，必须中止其执行

B. 表示该程序正忙，不能响应用户输入

C. 提醒用户注意某个事件，并不影响用户继续操作计算机

D. 等待用户做出决定，以便继续工作

二、操作题

1. 在 C 盘下建立一个以"班级姓名"为名的文件夹，如 09 电气 3 班王某

2. 在此文件夹下建立两个文件夹：一级考试、二级考试。

3. 在"二级考试"文件夹下建立一个文本文件，命名为"vb.txt"，并将该文件设置为隐藏属性（文件其他属性不要改变）。

4. 在桌面上创建文件"vb.txt"的快捷方式。

第4章

使用文字处理软件 Word 2003

使用计算机进行文档编辑、排版和打印是现代化办公的一项基本工作。Word 2003 是 Microsoft 公司出品的 Office 2003 系列办公自动化套装软件的组件之一，本章将 Word 2003 的功能和应用技巧融入典型实例的具体操作中，使读者能轻松、快捷地掌握使用 Word 2003 编辑、排版和打印文档的操作技能。

4.1　Word 2003 简介

Word 2003 是目前世界上最流行的文字编辑软件。使用它可以编排出精美的文档，方便地编辑和发送电子邮件，编辑和处理网页等。Word 2003 与以前的版本相比较，界面更友好、更合理，功能更强大，为用户提供了一个智能化的，可以与他人进行协作，控制敏感信息分发的工作环境。

Word 2003 的主要功能包括以下几个方面。

（1）文件管理。可以同时打开多个文件，并对这些文件同时进行编辑、打印、删除、标志文件特征、快速查找文件等操作，同时保存和关闭所有打开的文档。

（2）编辑。Word 2003 的基本功能就是文档编辑，用它可以方便快捷地进行各种编辑工作，如文字录入、选定、移动、复制、删除、查找，建立自动图文集，生成目录，邮件合并等。

（3）版面设计。使用 Word 2003，可以实现对文档中字符、段落以及页面格式的设置，使整个版面美观大方，增强视觉效果。Word 2003 采用所见即所得的版面设计方式，可以通过打印预览命令查看打印效果，反复修改版面设计方案直到获得满意的打印效果。

（4）表格处理。Word 2003 的表格处理功能强大，不仅可以制作、编辑、修饰各种表格，还能够对表格中的数据进行排序和计算，可以实现文本与表格之间的转换等。

（5）图形处理。Word 2003 的图形处理功能包括绘制各种不规则几何图形、插入图片、插入艺术字，可编辑一份图文并茂的文档。

（6）Internet。利用 Word 2003 可以制作出精美的网页，也可直接发送电子邮件，允许多人在网上批注和修订同一文档，使得批注和更改更便于整个团队跟踪、接受和拒绝。

（7）扫描。如果正在 Word 中编辑文档时，需要在文档的某个位置插入一张图片，而图片并不是现成的，得把手头的照片进行扫描。这时候怎么办？是退出 Word 后，打开扫描程序进行扫描，再把扫描得到的图像插入到文档中来吗？其实，根本不用那么麻烦，因为 Word 就是一个现成的"扫描大师"，在其中就可以直接将图片扫描到文档中指定的位置，还能进行一些简单的图像处理工作。另外，Office 2003 中集成了先进的文字识别功能（简称 OCR），可以把扫描文件转换为 Word 文件。

（8）文档保护。除沿袭了以前版本的修订保护、批注保护、窗体保护之外，Word 2003 还新增了对文档格式的限制、对文档的局部进行保护等功能。可以将文档通过预定义格式进行编辑，然后限制他人对文件格式的改动。

（9）文档比较。在阅读文档的同时可与其他文档进行比较。

（10）阅读版式。阅读版式完全忽略那些在普通视图和页面视图中出现的辅助线、分页符等，使用户一次可以浏览尽可能多的内容。在该模式下，屏幕会被分割成两个页面，并且页面的宽度会随着用户对 Word 窗口的调整而自动调整宽度。相对其他视图单列的浏览模式来说，这种分两列的页面浏览方式更容易阅读。

（11）其他。Word 2003 主要是用来编辑文档的，不过它还可以播放网络电影、Flash，进行英汉双向翻译，给文言文中的词语加注解等。它还支持 XML 语言，共享工作区、信息权限管理等。

本章介绍的是面向初学者的最基本 Word 功能，无论是在 Word 2000、Word 2003 或 Word 2007 都可实现。用户可以通过深入使用与交流，熟能生巧，充分挖掘 Word 的潜在功能，掌握其一系列鲜为人知的技巧，不断提升日常使用 Word 应用程序的能力。

4.1.1 Word 2003 的启动与退出

1. 启动 Word 2003

方法一：单击 Windows XP 桌面任务栏上的"开始"→"程序"→"Office 2003"→"Word 2003"命令，如图 4-1 所示。

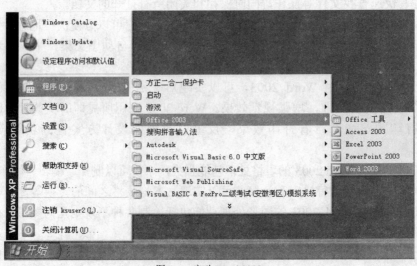

图 4-1　启动 Word 2003

方法二：双击桌面上的 Word 2003 快捷方式图标█。

启动 Word 2003 之后的 Word 2003 的工作界面如图 4-2 所示。

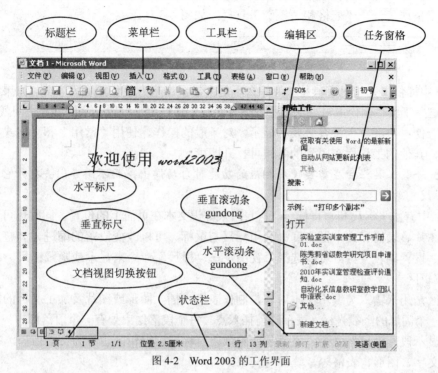

图 4-2　Word 2003 的工作界面

2. 退出 Word 2003

方法一：单击窗体标题栏上的"关闭"按钮，即可退出 Word 2003。

方法二：选择菜单"文件"→"退出"命令。

提示：在使用完某个程序之后，一定要退出，也就是关闭这个程序，这样就会把它所占用的系统资源交回给 Windows，Windows 就能有更多的资源分配给其他的程序使用。

4.1.2　Word 2003 的工作环境

Word 2003 的工作界面如图 4-2 所示，主要包括以下几部分。

1. 标题栏

标题栏位于窗口的最上方，用来显示文档的名称。

2. 菜单栏

菜单栏位于标题栏下面，其中包含了 9 个下拉菜单。菜单栏列出了 Word 2003 所有功能命令清单，包括建立、编辑、打印和保存文档，以及处理文档的其他所有命令。如果要使用的命令没有出现在菜单中，可以单击菜单下方的展开其他命令按钮 ⯆ ，即可看到该菜单中的所有命令。

3. 工具栏

位于菜单栏下面的是工具栏。"常用"工具栏包含常用的快速命令按钮，单击相应按钮即可执行对应命令。"格式"工具栏包含可以快速改变文字外观和文档编排格式的命令按钮。通常其他一些工具栏并不默认显示，如果要显示它们，可通过"视图"菜单中的"工具栏"

命令选择显示或关闭这些工具栏。也可在工具栏上单击右键，在弹出的快捷菜单中选择需要显示的工具栏。例如，右键单击工具栏，在弹出的快捷菜单中，选择"表格和边框"命令，界面中就又出现了一个"表格和边框"工具栏，如图 4-3 所示。

图 4-3 "表格和边框"工具栏

Word 中提供了几十种工具栏，为什么不是全显示出来方便使用呢？首先，如果都显示出来的话，这些工具栏就会占很大一部分的屏幕面积，那样用来编辑文字的屏幕空间就很小了，会非常不方便；再者，也没有必要都显示，对一般的操作，使用"常用"和"格式"工具栏就足够了，其他的工具栏在用到的时候再打开即可。

提示：一些工具栏会在需要使用相应的功能时自动弹出，而不用专门去打开它。

4．标尺

Word 中有水平标尺和垂直标尺。标尺用来标识文本在页面上的位置，同时也可以用来查看正文、图片、表格和文本框宽度。利用标尺与鼠标，可以改变段落的缩进、调整页边距、改变栏宽、设置制表位等。可以选择"视图"→"标尺"命令来显示或隐藏标尺。

5．编辑区

编辑区是用来输入与编辑文本内容，制作表格，插入图形或图片及加工文档的区域。编辑区中有一个闪烁的竖线光标，表示当前插入点。每个段落结束处有一个段落标志。选择"视图"→"显示段落标记"命令，可显示或隐藏段落标记。编辑区也称为文档窗口，在编辑区中编辑的文字、图形、表格等，统称为文档。

6．滚动条

滚动条有垂直滚动条和水平滚动条。移动滚动条的滑块或单击滚动条两端滚动箭头按钮，可以快速移动浏览文档不同位置的内容。

7．状态栏

状态栏显示当前文档的页数、节、页数/总页数和栏号，光标所在行数和列数，以及当前文档的插入/改写状态等信息。

8．任务窗格

Word 2003 应用程序的绝大多数功能都是通过菜单命令和工具栏上的按钮来完成的，随着软件的功能不断增加，菜单的命令越来越多，只好分类后变成子菜单。工具栏上面的按钮也不断增加，把它们都显示出来会显得凌乱，不都显示出来用的时候又觉得不方便，任务窗格提供了上述问题的解决途径。展现功能是任务窗格的主要目的，Word 2003 的模板、样式和格式是制作文档时常用的功能，现在都可以从不同的任务窗格中找到。邮件合并也包含在任务窗格中，并通过向导指导用户使用。Word 2003 内置了英汉、汉英双解大词典，翻译任务窗格中，可以在编辑文档时翻译单词，甚至是整篇文章，随心所欲地进行英译汉或者汉译英。

提示：任务窗格会根据用户的需要及时出现和隐藏，当用户启动程序时，新建文档的任务窗格会出现，但用户打开已有的文档时，则不会弹出任务窗格。用户复制或剪切两次后，剪贴板任务窗格则会出现。任务窗格可以在一定范围内调节窗口宽度，也可以双击标题栏使窗口浮动，以放宽文档页面。

4.2　制 作 简 历

王小强是一位即将毕业的大学生，他需要编写求职信和制作一份简历，向用人单位推荐自己。下面就是王小强使用 Word 2003 制作简历的过程。

4.2.1　新建和保存 Word 文档

任务 4-1：新建简历文件。

操作步骤如下。

（1）启动 Word 2003 应用程序，新建 Word 文档。

（2）保存新建的 Word 文档。

方法一：单击工具栏中的"保存"按钮。

方法二：选择"文件"菜单中的"保存"命令，或者按快捷键"Ctrl+S"。

选择保存命令之后，在计算机屏幕上即可显示出如图 4-4 所示的"另存为"对话框。

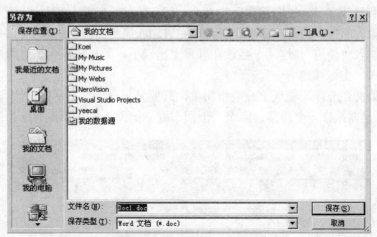

图 4-4　Word "另存为"对话框

在图 4-4 所示的"另存为"对话框中，删除系统为新建文档起的默认文件名"Doc1.doc"，输入自己命名的文件名，如"小强简历.doc"，保存类型为"Word 文档（*.doc）"，即 Word 文档的扩展名是"doc"。在"保存位置"下拉列表框中，输入或选择一个磁盘或文件夹名称，如图 4-5 中所示的是选择了系统默认的保存位置"我的文档"文件夹。单击"保存"按钮，文档就保存好了，以后在"我的文档"文件夹中就可以看见文件目录中有"小强简历.doc"。

提示： *保存文档是为了今后随时阅读或进一步编辑，所以应该给文件起一个有一定意义的名称，并把文件存放在电脑中合适的磁盘和路径之下。*

接下来录入简历正文。

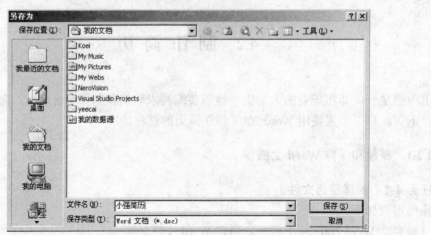

图 4-5　保存 Word 文档"小强简历.doc"

4.2.2　编辑简历正文

任务 4-2：输入和编辑简历正文。

操作步骤如下。

（1）输入和修改文字。正文编辑区中有个一闪一闪的小竖线，那是光标，它所在的位置称为插入点，输入的文字将会从那里出现。现在来输入简历的内容：按"**Ctrl+空格**"键打开中文输入法，键入"简历"。这两个字就在屏幕上出现了，而光标也到了这两个字的后面。

敲一下回车，光标移到下一行。

敲回车是给文章分段。在纸上分段很简单，只要另起一行，空两格开始写就行了。但在 Word 中，如果是要结束一个段落，需敲一下回车键，如图 4-6 中所示。

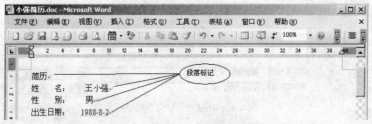

图 4-6　简历正文中的段落标记

在输入正文时，如果一行写到了头，Word 会自动进行判断，并将光标移动到下一行，下面输入的文字将另起一行。继续输入简历的正文，如图 4-7 所示。

提示：选择"视图"→"显示段落标记"命令，可显示或隐藏段落标记。

输入正文内容时，可以选择插入模式或改写模式。在插入模式下，输入的文字在插入点写入，其后的字符顺序后移，如果有输错的文字，如第 5 段的"自动控制原理"，输错为"自动控制理论"，该如何更改呢？可用鼠标在"理"字前面单击，将光标定位到这个字的前面，如图 4-8 所示。连续按两次"Delete"键，"理论"就被删掉了，输入"原理"，这样就将文中的"理论"改为了"原理"。在改写模式下，输入的文字将直接替换光标后的字符。通常选择在插入模式下输入文本。

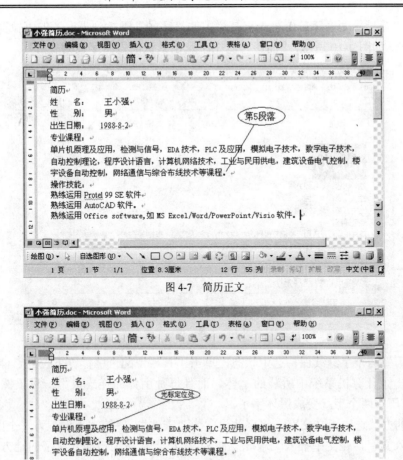

图 4-7　简历正文

图 4-8　修改文字

试一试：可以双击状态栏中的"改写"指示器或按键盘中的"Insert"键，切换插入或改写模式。

（2）选择和编辑文字（改变字体、字号）。在对文字或段落进行操作之前，先要将其"选中"。选中是为了对一些特定的文字或段落进行操作而又不影响文章的其他部分。

把鼠标箭头移到"简"字的前面，按下鼠标左键，向右拖动鼠标到"历"字的后面松开左键，这两个字就变成黑底白字了，表示处于选中状态，如图 4-9 所示。

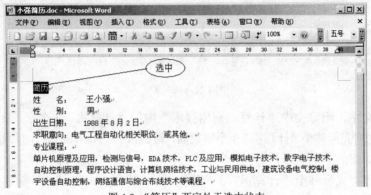

图 4-9　"简历"两字处于选中状态

选中这"简历"两个字后，单击工具栏中的"字号"下拉列表框旁的下拉箭头，从里面选择"初号"，如图 4-10 所示，"简历"两个字就由默认的五号字变为初号字。

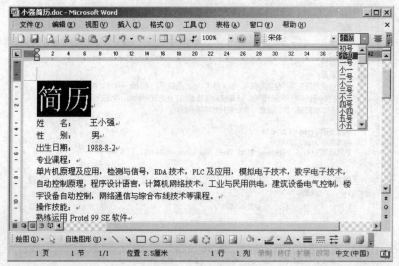

图 4-10　选择字体和字号

使"简历"两个字继续保持选中状态，单击工具栏中的"字体"下拉列表框，弹出的下拉列表中列出了计算机系统中所装的字体，而且每种字体的样式也都一目了然。从中选择"黑体"，"简历"两个字就变成黑体字了。

用同样的办法选中正文文字，将字体设置为"宋体"，字的大小设置为"小四"。

（3）插入文字，在文中插入"求职意向"。先将光标移到想插入文字的地方，再用键盘直接输入文字即可，如图 4-11 所示。

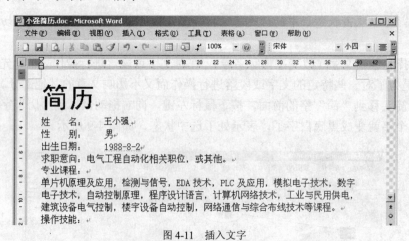

图 4-11　插入文字

（4）删除文字，删除文中"计算机网络技术"中的"计算机"3 个字。

方法一：先将光标移至"计算机"3 个字后面，按键盘的"Backspace"键，每按"Backspace"键一次删除光标前的一个字。

方法二：先将光标移至"计算机"3 个字前面，按键盘的"Delete"键，每按"Delete"键一次删除光标后的一个字。

方法三：先选定"计算机"3 个字，再按"Backspace"键或"Delete"键。

（5）改写文字，将文中"1988-8-2"改写为"1988 年 8 月 2 日"。

方法一：先将光标移至"1988-8-2"前面，按下键盘的"Insert"键或双击状态栏中"改写"指示器，状态栏中"改写"指示器加亮显示，表示当前"改写模式"启用，然后输入"1988 年 8 月 2 日"，按下键盘的"Insert"键或双击状态栏中"改写"指示器，状态栏中"改写"指示器灰色显示，表示仍然启用"插入模式"。

方法二：先删除"1988-8-2"，然后输入"1988 年 8 月 2 日"。

方法三：先选定"1988-8-2"，然后输入"1988 年 8 月 2 日"。

（6）复制文字，将文中"操作技能"及其以下的内容，复制到第 5 段落"专业课程"之前的位置。

方法一：通过鼠标操作复制文本。

选择想要移动的文本块，并同时按住键盘的"Ctrl"键和鼠标左键不放，此时鼠标箭头下方出现一个小虚线矩形框和一个"+"号，拖动选定的文本块移动到想要复制的位置，如图 4-12 所示虚线位置，然后放开鼠标左键。

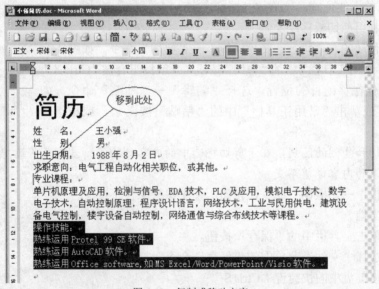

图 4-12　复制或移动文字

方法二：利用剪切板复制文本。

选定想要移动的文本块，选择"编辑"→"复制"命令，如图 4-13 所示，或单击"常用工具栏"中的"复制"按钮 ，或按组合键"Ctrl+C"。然后将光标定位在移动目的位置，选择"编辑"→"粘贴"命令，如图 4-14 所示，或单击"常用工具栏"中的"粘贴"按钮 ，或按组合键"Ctrl+V"。

（7）撤销、恢复和重复操作。

选择"编辑"→"撤销"命令，或单击"常用工具栏"中的"撤销"按钮 ，就可以撤销上一步完成的复制操作。

选择"编辑"→"恢复"命令，或单击"常用工具栏"中的"恢复"按钮 ，就可以恢复上一步完成的撤销操作。

图 4-13　选择"复制"

图 4-14　选择"粘贴"

试一试：使用重复操作功能可以不断地重复上一次的操作。

（8）移动文字，将文中"操作技能"以下的内容，移到第 5 段落"专业课程"之前的位置。

方法一：通过鼠标操作移动文本。

选择想要移动的文本块，并按住鼠标左键不放，此时鼠标箭头下方出现一个小虚线矩形框，拖动选定的文本块移动到想要移到的位置，即如图 4-12 所示的虚线位置，然后放开鼠标左键。

方法二：利用剪切板移动文本。

图 4-15　选择"剪切"

选定想要移动的文本块，选择"编辑"→"剪切"命令，如图 4-15 所示，或单击"常用工具栏"中的"剪切"按钮 ，或按组合键"Ctrl+X"。然后将光标定位在移动目的位置，选择"编辑"→"粘贴"命令，如图 4-14 所示，或单击"常用工具栏"中的"粘贴"按钮 ，或按组合键"Ctrl+V"。

提示：剪切和复制的区别，在于剪切将选中的内容删除了；复制是将选中的内容重新复制了一份，原来的内容保留不变。

选择"编辑"→"撤销"命令，使简历正文保持原样不变。

（9）保存文档。

方法一：单击工具栏中的"保存"按钮。

方法二：选择"文件"菜单中的"保存"命令。

方法三：按键盘中的快捷键"Ctrl+S"。

如果要把文件名改为"王小强简历.doc"，可选择文件菜单中的"另存为"命令，在弹出的"另存为"对话框中，用鼠标在"小"字前面单击，输入"王"字，注意文档保存的位置是"我的文档"文件夹，如图 4-16 所示，单击"保存"按钮，文档就保存好了。

（10）退出 Word 2003 应用程序。

试一试：查看"我的文档"文件夹中是否存在"小强简历.doc"和"王小强简历.doc"两个文件，分别打开后比较两者中的内容。

任务 4-3：设置简历格式。

操作步骤如下。

（1）打开 Word 文档"王小强简历.doc"。

方法一：双击桌面上"我的文档"图标，在"我的文档"文件夹中的文件列表中找到"王小强简历.doc"文件，双击它，Windows 会自动启动 Word，并且打开这个文档。

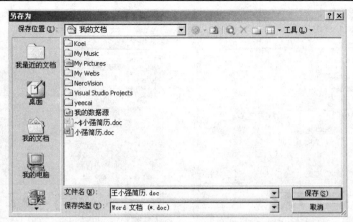

图 4-16　文件另存为"王小强简历.doc"

方法二：启动 Word 2003 应用程序，然后选择"文件"→"打开"命令，或直接单击"打开"按钮，系统弹出"打开"对话框，如图 4-17 所示，在"查找范围"内选择"我的文档"，单击文件名"王小强简历.doc"，单击"打开"按钮。

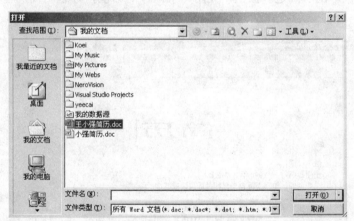

图 4-17　"打开"对话框

（2）设置文本格式。选中标题"简历"，单击菜单"格式"→"字体"命令，在出现的"字体"对话框中，包括"字体"、"字符间距"和"文字效果"3 个选项卡，如图 4-18 所示。单击各选项卡的标签可以切换，在"字体"选项卡中设置字体为"黑体"，字形为"加粗"，字号为"一号"。

保持标题"简历"为选中状态，在"字体"对话框中，选择"字符间距"选项卡，设置间距为"加宽"，磅值为"2 磅"，如图 4-19 所示。

保持标题"简历"为选中状态，在"字体"对话框中，选择"文字效果"选项卡，设置动态效果为"礼花绽放"，如图 4-20 所示。

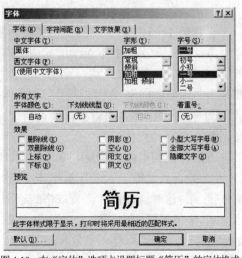

图 4-18　在"字体"选项卡设置标题"简历"的字体格式

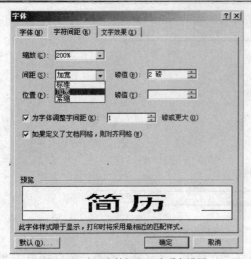

图 4-19 在"字符间距"选项卡设置　　　　　图 4-20 在"文字效果"选项卡设置
标题"简历"的字符间距　　　　　　　　　标题"简历"的动态效果

设置完毕后，单击"确定"按钮，关闭"字体"对话框，标题"简历"的文本格式效果如图 4-21 所示。

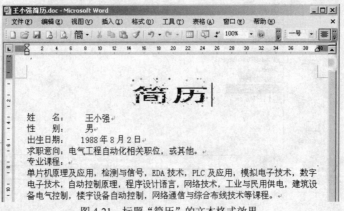

图 4-21 标题"简历"的文本格式效果

设置第 1～5 和第 7 段的首句文本为粗体，方法如下。

方法一：一次选中不连续的 6 块文本，设置统一格式。

① 拖曳鼠标选中"姓　名"，按住"Ctrl"键，拖曳鼠标，连续选中"性　别"、"出生日期"、"求职意向"、"专业课程"、"操作技能"，如图 4-22 所示。

② 打开"字体"对话框，设置所选文本的字体为"加粗"，或单击格式工具栏上的加粗按钮 **B**。

方法二：利用格式刷复制文本格式。

① 先设置"姓　名"为粗体，拖曳鼠标选中"姓　　名"，单击常用工具栏上的格式刷按钮 ，这时鼠标指针会变成格式刷形状。

② 拖曳鼠标选中"性　别"，这时"性　别"同"姓　名"的格式一样为粗体，鼠标指针自动恢复原样。重复步骤①之后，分别拖曳鼠标选中 "出生日期"、"求职意向"、"专业课程"、"操作技能"，完成第 1～5 和第 7 段的首句文本为粗体的格式设置。

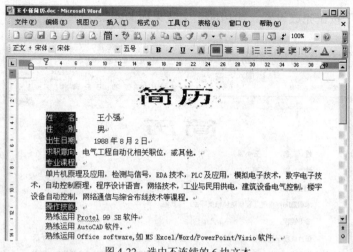

图 4-22　选中不连续的 6 块文本

说明：格式刷可以快速将指定文本或段落的格式复制到其他文本或段落上，让我们免受重复设置之苦。单击一次格式刷只可以用一次复制功能；如果希望重复复制格式，就要不停地重复单击一次格式刷的操作。

试一试：双击格式刷，将选定格式复制一次后，鼠标指针仍然保持为格式刷形状，可以连续使用将选定格式复制到多个位置。若要关闭格式刷，按"ESC"键，或再次单击格式刷即可。

提示：文本的格式化是对文档的美化，通过设置字符的格式，包括对字符的字体、字形、大小和颜色等进行各种修饰，可令文档更加美观，同时还可以设置字符间距和一些特殊的文字效果。

（3）设置段落格式。选中标题"简历"，单击"格式"→"段落"命令，在出现的"段落"对话框中，选择对齐方式为"居中"，如图 4-23 所示。单击"确定"按钮完成设置。

设置正文第 1～7 段为统一的段落格式，方法如下。

方法一：选中简历正文的各段落，单击"格式"→"段落"命令，在"段落"对话框中，设置段落格式为"两端对齐"、"首行缩进 2 字符"、"段前 0.5 行"、"段后 0 行"、段落中"行距 1.5 倍行距"，如图 4-24 所示。

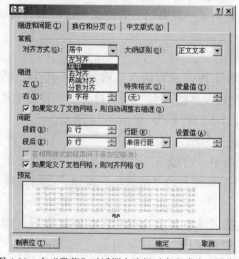

图 4-23　在"段落"对话框中选择对齐方式为"居中"

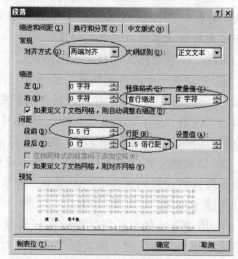

图 4-24　在"段落"对话框中设置正文的段落格式

单击"确定"按钮完成设置。简历的正文效果如图 4-25 所示。

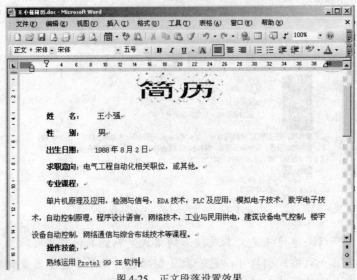

图 4-25　正文段落设置效果

提示: Word 的所有操作需遵循"先选定,后操作"的原则,如要选定文字或段落,再进行格式设置。

说明:

● 文本的格式化是针对文档中的字符本身的,一个字母、一个汉字、一个标点符号都是字符,字符是组成段落的基本单位;

● 段落的格式化是对文档的整体美化,包括设置文档段落的对齐方式、段落缩进、段落间距和行间距等,使文档更加整齐、规范和美观;

● 在文档窗口中,每输入一段文字,按下回车键后,就自动生成一个段落。按下回车键的操作通常被称做硬回车,可以说,段落就是带有硬回车的文字组合。段落标记不仅用于标记一个段落的结束,它还保留着有关该段落的所有格式设置(如段落样式、对齐方式、缩进大小、制表位、行距、段落间距等),所以在移动或复制某一段落时,若要保留该段落的格式,就一定要将该段落的标记包括进去。

方法二: 利用格式刷复制段落格式。

① 先设置一个段落的格式。选中简历的正文第 1 段,或将插入点移到第 1 段中,单击"格式"→"段落"命令,在"段落"对话框中,设置段落格式为"两端对齐"、"首行缩进 2 字符"、"段前 0.5 行"、"段后 0 行"、段落中"行距 1.5 倍行距",如图 4-24 所示。

② 选择要复制格式的段落(将段落标记包括进去)。

③ 如果想要将此段落格式复制到不连续的段落中,可以双击"格式刷"按钮。如果想要将此段落格式复制到连续的段落中,应单击常用工具栏上的"格式刷"按钮。此时,鼠标指针变成 形状。

④ 用 形状的鼠标指针拖动选择要复制格式的段落直至段落标记,松开鼠标后,即完成格式的复制。要关闭"格式刷"功能,再次单击"格式刷"按钮即可。

提示: 也可以利用快捷键方法来复制段落格式,其操作是选择要复制格式的段落,按

"Ctrl+ Shift+C" 键复制格式,然后选择接受复制格式的段落,按 "Ctrl+Shift+V" 键即可完成格式的复制。

试一试: 段落标记保留着有关该段落的所有格式,设置复制段落格式时,也可以只选择要复制格式的段落标记,然后用 选择接受复制格式的段落标记。

4.2.3 在简历中插入图片

为了增加简历的可信度,王小强要在简历中添加图片信息,如本人相片、实训场景、技能竞赛获奖证书、文艺演出照片、技能等级证书等。

任务 4-4: 在简历中插入图片,并设置图文格式。

操作步骤如下。

(1) 打开文档 "王小强简历.doc"。

(2) 在文中最后输入 "获得证书:",并将插入点定位到其后。

(3) 插入图片,选择 "插入" → "图片" → "来自文件…" 命令,如图 4-26 所示。

(4) 在弹出的 "插入图片" 对话框中,选择要插入的图片文件位置和文件名,如图 4-27 所示。

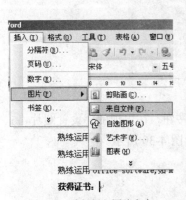

图 4-26 选择插入图片命令

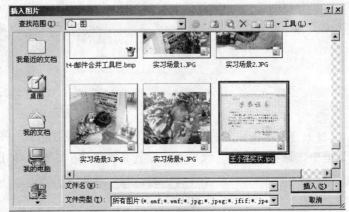

图 4-27 "插入图片" 对话框

(5) 单击 "插入" 按钮后图片即插入文中。

(6) 将鼠标指针放在图片上单击鼠标右键,在弹出的快捷菜单中,选择显示 "图片" 工具栏,打开 "图片" 工具栏,如图 4-28 所示。这时,图片四周出现一个带 8 个小方块(尺寸控点)的方框。

(7) 单击选中插入的证书,按住鼠标拖动,将证书图片移到文中合适的位置。

(8) 选中证书图片,将鼠标置于 4 个角的任意

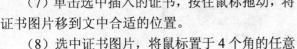

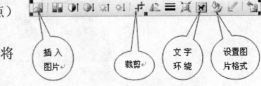

图 4-28 "图片" 工具栏

一个控制点上,指针形状变成为 后,拖动鼠标可以缩放图片的大小。将鼠标置于 4 个边的任意一个控制点上,指针形状变成 ↔ 或 ↕ 后,拖动鼠标可以缩放图片的纵横比例。

(9) 单击 "文字环绕" 按钮,在出现的列表中选择 "嵌入型"。

(10) 将插入点定位到证书后,重复(3)~(9)操作步骤 1 次,将王小强的第 2 张证

书插入文中。通过调整图片的大小，将两张证书并列排版，如图 4-29 所示。

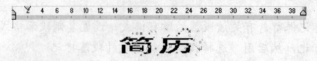

图 4-29 图片并列

（11）分别选中插入的证书图片，单击"设置图片格式"按钮，在出现的"设置图片格式"对话框中，选择"大小"选项卡，设置高度为"6 厘米"，如图 4-30 所示。

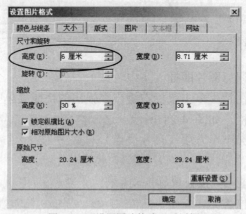

图 4-30 "设置图片格式"对话框

（12）保存文档，退出 Word 应用程序。

4.2.4 在简历中添加表格

为了使简历看上去更加清晰醒目，我们可以制作表格形式的简历。操作方法是先插入一个规范的表格，再根据内容调整表格线。

任务 4-5：制作如表 4-1 所示的个人简历表。

表 4-1 个人简历样表

姓　　名：	王小强	国　　籍：	中国	
目前住地：	合肥	民　　族：	汉族	
婚姻状况：	未婚	年　　龄：	20	
求职意向及工作经历				
人才类型：	普通求职			
应聘职位：	电气工程自动化相关职位，或其他			
求职类型：	全职	可到职日期：	一个月	
月薪要求：	面议	希望工作地区：	上海　江苏　安徽	
工作经历：				
教育背景				
毕业院校：	安徽电气工程职业技术学院			
最高学历：	高职专科	毕业日期：	2010-07-01	
所学专业：	电气工程			
培训经历：	2008.9-2010.7　安徽电气工程技术职业学院 英语通过国家 CET 四级考试 获得安徽省计算机 VB 二级证书 熟练操作 Protel 99 SE 软件 熟练操作 AutoCAD 软件。 熟练操作 Office software，如 MS Excel/Word/PowerPoint/Visio 软件。			
语言能力				
外　　语：	英语　良好	普通话水平：	优秀	
工作能力及其他专长				

本人具备电气工程等的基本理论知识，熟悉基本电气设备操作，对各种电气设备有一定的认识，能熟练利用 Protel 99 SE 软件绘制电路图。

聪明好学，能够适应不同的环境，快速进行学习；精力充沛，能够在压力下进行多项工作；诚恳守信，对工作认真负责；擅长交流，富有团队合作精神。

操作步骤如下。

（1）新建文档，以"王小强简历表格.doc"为文件名保存。

（2）选择"表格"→"插入"→"表格"命令，打开"插入表格"对话框，如图 4-31 所示。

（3）在"列数"文本框内输入"5"，在"行数"文本框内输入"14"，如图 4-32 所示，单击"确定"按钮，即可在文档中插入一个 14 行 5 列的表格。

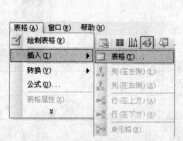

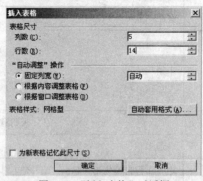

图 4-31　选择表格插入命令　　　　　　　　图 4-32　"插入表格"对话框

（4）在表格中输入文本，单击移动光标（也可以用键盘移动光标）到需要输入文本的单元格中，就可以在这个单元格处录入字符了，如图 4-33 所示输入简历的内容。

姓　　名：	王小强	国　　籍：	中国		
目前住地：	合肥	民　　族：	汉族		
婚姻状况：	未婚	年　　龄：	20		
求职意向及工作经历					
人才类型：	普通求职				
应聘职位：	电气工程自动化相关职位，或其他				
求职类型：	全职	可到职日期：	一个月		
月薪要求：	面议	希望工作地区：	上海 江苏 安徽		
工作经历：					
教育背景					
毕业院校：	安徽电气工程职业技术学院				
最高学历：	高职专科	毕业日期：	2010-07-01		
所学专业：	电气工程				
培训经历：	2008.9-2010.7 安徽电气工程技术职业学院 英语通过国家 CET 四级考试 获得安徽省计算机 VB 二级证书 熟练操作 Protel 99 SE 软件 熟练操作 AutoCAD 软件。 熟练操作 Office software,如 MS Excel/Word/PowerPoint/Visio 软件。				

图 4-33　输入简历的内容

（5）增加或删除表格的行数、列数。

方法一：

① 如图 4-33 所示，将光标移到第 14 行最后一列后面，按回车键即可在第 14 行后增加

一行表格；

② 按照步骤①的方法，将表格增加到 18 行，输入简历的剩余内容。

方法二：选定表格的行或列后，再选择"表格"→"插入"命令，在其级联菜单中进一步选择在选定列的左侧、右侧插入新列，在选定行的上方、下方插入新行，输入简历的剩余内容。

（6）修改表格线。

① 如图 4-33 所示，将鼠标指针移到第 4 列和第 5 列的分割线上，当其变为双向箭头形状时，向左或向右拖动，使第 5 列的列宽度大致为一张一寸照片的宽度，松开鼠标即可。

② 将鼠标指针置于第 4 行左侧，当指针变成右倾的斜箭头形状时，单击可以选定该行，单击右键，如图 4-34 所示，在弹出的快捷菜单中选择"合并单元格"，将选中的部分合成为一个单元格。

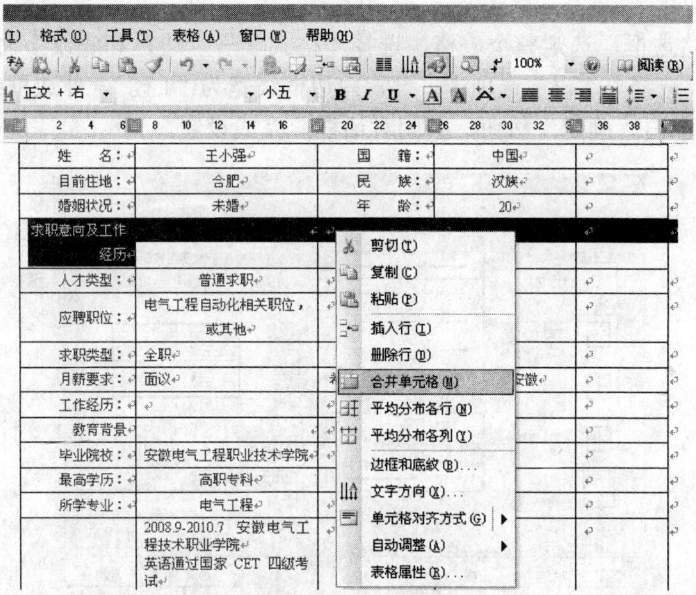

图 4-34　合并单元格

③ 按照步骤②的方法，分别选中第 1、2、3 行的第 5 列，第 5 行的 2 到 5 列，第 6 行的 2 到 5 列，第 9 行的 2 到 5 列，第 11 行的 2 到 5 列，第 13 行的 2 到 5 列，第 14 行的 2 到 5 列等，一一选择"合并单元格"命令，将表格线调整为如表 4-1 所示，插入一寸照片。

试一试：选择 1 个单元格，右击，在弹出的快捷菜单中选择"拆分单元格"命令，可以将选中的 1 个单元格拆分成 m 行 n 列的表格（m、n 表示任意整数）。

（7）设置表格文本格式。同时选定表格的第 4、10、15、17 行，在格式工具栏中设置"宋体"、"五号"、"加粗"和"居中"。设置表格中的其他行、列的文本格式为"宋体"、"小五号"，"两端对齐"或"居中"。

（8）添加底纹。同时选定表格的第 4、10、15、17 行，选择"格式"→"边框和底纹"命令，在"边框和底纹"对话框中，选择"底纹"选项卡，选择填充颜色为"浅青绿"，如图 4-35 所示，单击"确定"按钮，关闭对话框，完成设置。

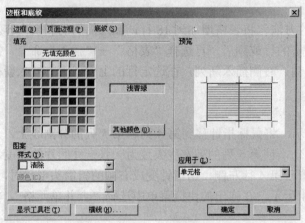

图 4-35　添加底纹

（9）添加表格边框。选定整个表格，选择"格式"→"边框和底纹"命令，在"边框和底纹"对话框中，选择"边框"选项卡，设置内边框线宽为"1 磅"，外边框线宽为"$1^{1/2}$ 磅"，如图 4-36 所示。单击"确定"按钮，关闭对话框，完成设置。

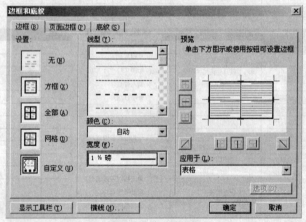

图 4-36　添加边框

（10）保存文档，退出 Word 应用程序。

4.2.5　打印简历

王小强为了参加现场招聘会，需要带一些简历投放到招聘单位。那么如何才能打印出满意的文档呢？一般，Word 文档的打印是先进行页面设置，再选择打印预览，最后正式打印文档。

任务 4-6：打印求职简历。

操作步骤如下。

（1）打开文件"王小强简历表格.doc"。

（2）进行页面设置。

① 选择"文件"→"页面设置"命令，打开"页面设置"对话框。

② 在"页边距"选项卡中设置页边距为上、下边距 2.5cm，左、右边距 3cm，打印纸方

向为"纵向",设置效果应用于"整篇文档",如图 4-37 所示。

③ 在"页面设置"对话框中,单击"纸张"标签,切换到"纸张"选项卡,在"纸张大小"的下拉列表框中选择"A4",如图 4-38 所示。

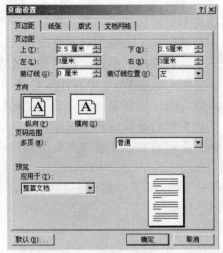

图 4-37 设置页边距

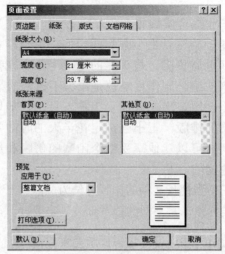

图 4-38 设置纸张

④ 单击"确定"按钮,关闭"页面设置"对话框。

(3)选择"文件"→"打印预览"命令,或单击常用工具栏中的"打印预览"按钮。可以所见即所得地观看文档的实际打印效果。如果效果不理想,就重复步骤(2),修改"页面设置"的相关参数,直到满意。

(4)选择"文件"→"打印"命令,打开"打印"对话框,设置有关打印的参数,如图 4-39 所示。单击"确定"按钮,开始打印。

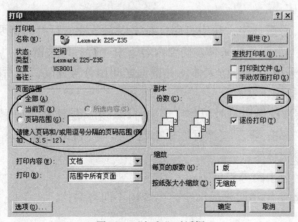

图 4-39 "打印"对话框

(5)打印完毕,关闭文件。

说明:打印参数的设置,包括打印页面范围和打印份数等,其中打印页面范围的页码范围如设"1,3,5",表示打印第 1 页、第 3 页和第 5 页;如设"1-5",表示打印第 1 页至第 5 页;如设"1-5,12",表示打印第 1 页至第 5 页和第 12 页。

4.3 毕业设计报告的排版

毕业综合实践报告、毕业设计（论文）都是几十页的长文档，长文档前面需要添加目录便于浏览。王小强和同学们在编辑毕业设计论文时花了大量的时间修改格式，制作目录和页眉页脚。最头疼的是，老师看完报告后让他们修改，整篇文档的排版弄不好就要重来一遍。制作目录也是出力不讨好的事，尽管小王知道 Word 中有插入目录的功能，可是不会用。现在只能手工输入目录，加班加点数页码，还容易出错。为了能够轻松完成论文的排版，王小强决定花半天的时间学习长篇文档的排版技巧，这才发现，这半天的时间，可以让他享受数个闲暇的傍晚和周末。下面就看看他是怎样用新学的技巧制作毕业论文的。

王小强把长文档的排版总结为两点：一是制作长文档前，先要规划好各种格式，尤其是样式设置。二是不同的篇章部分一定要分节，而不是分页。

4.3.1 毕业设计报告排版要求

一般，学院对学生毕业综合实践报告、毕业设计（论文）的排版格式要求如下。

- 排版要求：页面统一采用 A4 纸；页边距为左 3cm，右 2.5cm，上 3cm，下 2.5cm；毕业综合实践报告在左侧装订。
- 全文：标准的字符间距，1.5 倍的行间距，页码设置为页脚 1cm，居中排列，页眉为"××学院毕业论文"。
- "目录"二字为三号黑体，下空两行，为各层次标题及其开始页码，采用四号宋体。页码放在行末，目录内容和页码之间用虚线连接。摘要和目录不编入论文页码；摘要和目录用罗马数字单独编页码。
- 论文题目为二号黑体字，居中打印。论文题目下空一行打印摘要，"摘要"二字为小四号黑体，摘要内容为小四号仿宋体。摘要内容下空一行打印关键词，"关键词"为小四号黑体，其后具体关键词采用小四号仿宋体。关键词之间用分号分隔，最后一个词后不打标点符号，关键词下空一行打印正文。
- 标题：第一层次标题以三号黑体字居中打印，第一层次标题前空一行；第二层次标题以四号黑体字左对齐排列；第三层次标题以小四号黑体字左对齐排列。
- 正文：小四号宋体字。
- 图、表的题名为小四号宋体字。
- "参考文献"4 字用小四号黑体字，内容用小四号宋体字。

4.3.2 设置页面格式

很多人习惯先录入内容，最后再设置纸张大小。如果录入内容之后改变纸张大小，就有可能使整篇文档的排版不能很好地满足要求。所以，先进行页面设置，可以直观地在录入时看到页面中的内容和排版是否适宜，避免事后的修改。换句话说就是写文章前，不要上来就急于动笔，先要找好合适大小的"纸"，这个"纸"就是 Word 中的页面设置。

任务 4-7：设置文档的页面格式。

操作步骤如下。

（1）新建文件"王小强毕业论文.doc"。

（2）从菜单中选择"文件"→"页面设置"命令，打开"页面设置"对话框。

（3）在"页边距"选项卡中，设置页边距为左 3cm，右 2.5cm，上 3cm，下 2.5cm；打印纸方向为"纵向"，设置效果应用于"整篇文档"。

（4）选择"纸张"选项卡，从"纸张大小"中选择 A4 类型的纸即可。

（5）选择"文档网格"选项卡，选中"指定行和字符网格"，在"字符"设置中，默认为"每行 39"个字符，可以适当减小，如改为"每行 37"个字符。同样，在"行"设置中，默认为"每页 44"行，可以适当减小，如改为"每页 42"行。这样，文字的排列就均匀清晰了。

说明： 在页面设置中调整字与字、行与行之间的间距，能使内容看起来更清晰。

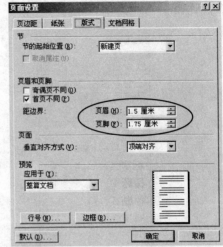

图 4-40　设置"页眉"和"页脚"

（6）在"版式"选项卡中设置"页眉"和"页脚"距页边界的距离等，如图 4-40 所示。

设置好文档的页面格式，还不用急于录入文字，接下来需要指定样式，来规定段落格式。

4.3.3　设置样式

样式是什么？简单地说，样式就是格式的集合。通常所说的"格式"往往指单一的格式，如字体、字号等。每次设置格式，都只能选择一种格式，如果文字的格式比较复杂，就需要多次进行不同的格式设置。而样式作为格式的集合，可以包含几乎所有的格式，设置时只需选择某一个样式，就能把其中包含的各种格式一次性应用到文字和段落上。

将字符格式和段落格式设计好后，起一个名字，就可以新建样式了。也可以修改已经存在样式内的格式。而通常情况下，我们只需使用 Word 系统内部的预设样式就可以了，预设样式不能删除也不能改名，但如果预设的样式不能满足要求，可以修改所包含的格式。

任务 4-8：设置样式。

操作步骤如下。

（1）打开文件"王小强毕业论文.doc"。

（2）从菜单中选择"格式"→"样式和格式"命令，在右侧的任务窗格中即可设置或应用样式或格式，如图 4-41 所示。

提示： "正文"样式是文档中的默认样式，新建的文档中的文字通常都采用"正文"样式。很多其他的样式都是在"正文"样式的基础上，经过格式改变而设置出来的，因此，"正文"样式是 Word 中最基础的样式，不要轻易修改它，一旦它被改变，将会影响所有基于"正文"样式的其他样式的格式。

"标题 1"～"标题 9"为标题样式，它们通常用于各级标题段落，与其他样式最为不同的是，标题样式具有级别，分别对应级别 1～9。这样，就能够通过级别，得到文档结构图、大纲和目录。在如图 4-41 所示的样式列表中，只显示了"标题 1"～"标题 3"的 3 个标题样式，如果标题的级别比较多，可在如图 4-41 所示的"显示"下拉列表中选择"所有样式"，即可选择"标题 4"～"标题 9"样式。

（3）设置"正文"样式，命名为"论文正文"。

① 在任务窗格中，单击"新样式"按钮 新样式... ，打开如图 4-42 所示的"新建样式"对话框。

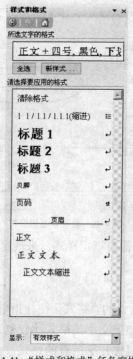

图 4-41 "样式和格式"任务窗格

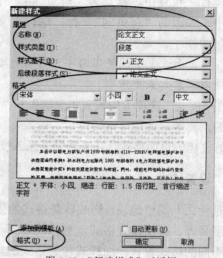

图 4-42 "新建样式"对话框

② 设置样式名称为"论文正文"，样式类型为"段落"，样式基于"正文"等样式属性，格式为"小四号宋体字"等。

③ 单击"新建样式"对话框中的"格式"按钮，打开"格式"菜单，选择"段落"命令。在打开的"段落"对话框中设置 1.5 倍的行间距和首行缩进 2 个字符。

（4）设置"标题"样式。在任务窗格的样式列表中，单击"标题 1"边的按钮 ，打开如图 4-43 所示的下拉式菜单，选择"修改"命令，打开"修改样式"对话框，设置"三号黑体字居中"、段前"空一行"格式。

用同样的方法设置标题 2 的样式，内容为"四号黑体字左对齐排列"；设置标题 3 样式，内容为"小四号黑体字左对齐排列"。

（5）录入文字，保存文档。

注意： 文章的不同部分通常需要另起一页开始，很多人习惯用加入多个空行的方法使新的部分另起一页，这是一种错误的做法，会导致修改时的重复排版，降低工作效率。正确的做法是插入分页符分页，如果希望采用不同的页眉和页脚，就插入分节符，将不同的部分分成不同的节，这样就能分别针对不同的节进行设置。

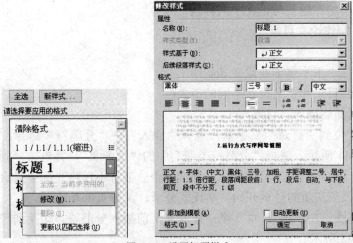

图 4-43　设置标题样式

4.3.4　应用样式

选择要应用样式的文本，单击任务窗格中的样式名，可一次性应用整组的格式。

任务 4-9：应用样式。

操作步骤如下。

（1）打开文件"王小强毕业论文.doc"。

（2）打开"样式和格式"任务窗格，如图 4-41 所示。

（3）利用样式设置正文格式。选中全文，在"请选择要应用的格式"列表中，单击样式"论文正文"，即可快速设置好正文的格式。

（4）利用样式设置标题格式。

方法一：

① 选中文档一级标题或将光标置于一级标题所在的段落中；

② 单击"样式和格式"窗格中的"标题 1"；

③ 双击"常用"工具栏中的"格式刷"按钮，然后将鼠标指针移到其余一级标题文本上单击，即可将"标题 1"的格式应用到所有被单击的文本行；

④ 单击"常用"工具栏中的"格式刷"按钮或按 Esc 键，取消"格式刷"工具。

方法二：

① 同时选中文档中所有一级标题；

② 单击"样式和格式"窗格中，"标题 1"，即可一次性设置好。

用同样的方法可以分别设置文档中的二级标题和三级标题的格式。

试一试：文档中的内容应用样式后，可能格式还是不能完全符合实际需要。这时可以重新修改样式。某样式一旦修改，则文中所有采用该样式的文字和段落都会一起随之改变格式，不用再像以前那样用格式刷一一改变其他位置的文字的格式。因此，使用样式带来的好处之一，是大大提高了格式修改的效率。

4.3.5　制作文档目录

目录按毕业综合实践报告、毕业设计（论文）内容顺序分 3 级层次编写，要标明页数，以便阅读。目录中的标题要与正文中的标题一致。

任务 4-10：制作论文目录。

操作步骤如下。

（1）打开文件"王小强毕业论文.doc"。

（2）将封面、目录和正文设在不同的节。

① 在文章封面后插入"目录"。

② 插入点定位到"目录"文字前，选择"插入"→"分隔符"命令，显示"分隔符"对话框，如图 4-44 所示。选择"分节符类型"中的"下一页"，并单击"确定"按钮，就会在当前光标位置，插入一个不可见的分节符，这个分节符不仅将光标位置后面的内容分为新的一节，还会使该节从新的一页开始，实现既分节，又分页的功能。

③ 用同样方法，在"第 1 章　概　述"文字前插入分节符。切换到普通视图模式可见分节符，如图 4-45 所示。

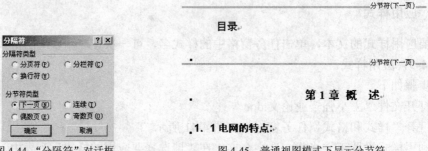

图 4-44 "分隔符"对话框　　　　图 4-45　普通视图模式下显示分节符

提示： 如果要取消分节，只需删除分节符即可。分节符是不可打印字符，默认情况下在文档中不显示。在工具栏单击"显示/隐藏编辑标记" 按钮，即可在页面视图模式下，查看隐藏的编辑标记，如图 4-46 所示。

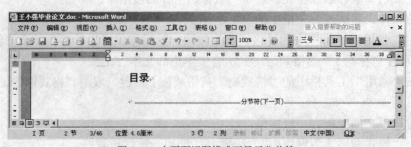

图 4-46　在页面视图模式下显示分节符

在段落标记和分节符之间单击，按"Delete"键，即可删除分节符，并使分节符前后的两节合并为一节。

（3）设置页眉。利用"页眉和页脚"设置可以为文章添加页眉和页脚。通常文章的封面和目录不需要添加页眉，只有正文开始时才需要添加页眉。摘要和目录不编入论文页码，目录用罗马数字单独编页码。因为前面已经对文章进行分节，所以很容易实现这些功能。

① 按"Ctrl+Home"快捷键快速定位到文档开始处，从菜单选择"视图"→"页眉和页脚"命令，进入"页眉和页脚"编辑状态，如图 4-47 所示。

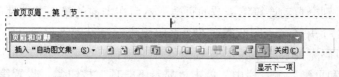

图 4-47 页眉和页脚设置

② 注意在页眉的左上角显示有"页眉 – 第 1 节 –"的提示文字，表明当前是对第 1 节设置页眉。由于第 1 节是封面，不需要设置页眉，因此可在"页眉和页脚"工具栏中单击"显示下一项"按钮，显示并设置下一节的页眉。

图 4-48 设置第 2 节页眉

③ 第 2 节是目录的页眉，应填写"安徽电气工程职业技术学院毕业论文（实习报告）"，如图 4-18 所示，在"页眉和页脚"工具栏中有一个"同前"按钮，默认情况下它处于按下状态，单击此按钮，取消"同前"设置，这时页眉右上角的"与上一节相同"提示消失，表明当前节的页眉与前一节不同，此时再在页眉中输入文字。后面的其他节无需再设置页眉，因为后面节的页眉默认为"同前"，即与第 2 节相同。

④ 在"页眉和页脚"工具栏中单击"关闭"按钮，退出页眉编辑状态。

用打印预览可以查看各页页眉的设置情况，其中封面和摘要没有页眉，目录和之后的正文每页都显示页眉。

试一试：如果要使论文中每一章页眉显示对应的章标题，如何操作？

（4）插入页码。

方法一：选择"插入"→"页码"命令，这样将会在封面和目录处都添加页码。

方法二：在页脚中插入"页码"，封面和摘要不插入页码，在目录和之后的正文中添加页码，并且目录和正文页码都要从 1 开始编号。

① 将插入点定位到"目录"处，选择"视图"→"页眉页脚"命令，进入"页眉和页脚"编辑状态。

② 在"页眉和页脚"工具栏中单击"在页眉和页脚间切换"按钮，显示页脚区域，如图 4-49 所示。

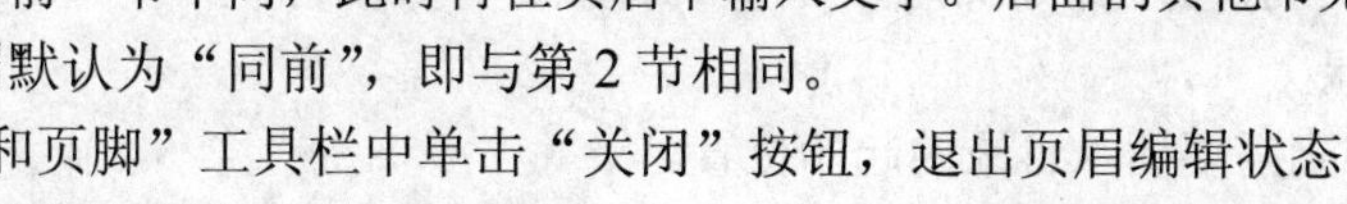

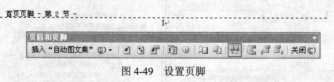

图 4-49 设置页脚

注意：在页脚的左上角显示有"页脚 – 第 2 节 –"的提示文字，表明当前是对第 2 节设置页脚，第 2 节是目录的页脚。

③ 单击"插入页码"按钮，插入页码。

④ 单击"设置页码格式"按钮，在"页码格式"对话框中选择数字格式为罗马数字，如图 4-50 所示，在默认情况下，"页码编排"设置为"续前节"，表示页码接续前面节的编号。

如果采用此设置，则会自动计算第 1 节的页数，然后在当前的第 2 节接续前面的页号，这样本节就不是从第 1 页开始了。因此需要在"页码编排"中设置"起始页码"为"I"，这样就与前面节是否有页码无关了。

⑤ 在"页眉和页脚"工具栏中，单击"显示下一项"按钮 ，设置第 3 节的页脚，如图 4-51 所示，再插入页码。

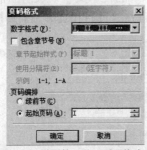

图 4-50 设置第 2 节"页码格式"

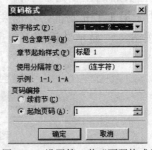

图 4-51 设置第 3 节"页码格式"

⑥ 在"页眉和页脚"工具栏中单击"关闭"按钮，退出页脚编辑状态。

用打印预览可以查看各页页脚的设置情况，其中封面和摘要没有页码，目录和正文之后才会在每页显示页码，并且目录和正文的页码都从 1 开始编号。

（5）插入目录。

① 将光标移到需要插入目录的起始位置。

② 选择"插入"→"引用"→"索引和目录"命令，打开"索引和目录"对话框。

③ 单击"目录"标签，切换到"目录"选项卡，如图 4-52 所示。在"显示级别"中，可指定目录中包含 3 个级别，它们分别对应"标题 1"～"标题 3"，样式级别 1～3。

④ 如果要设置更为精美的目录格式，可在"格式"中选择其他类型。通常用默认的"来自模板"即可。

⑤ 单击"确定"按钮，即可插入目录。目录是以"域"的方式插入到文档中的（会显示灰色底纹），因此可以进行更新，如图 4-53 所示。

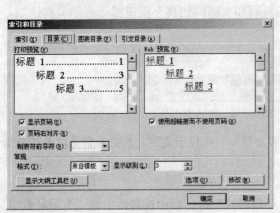

图 4-52 "索引和目录"对话框

图 4-53 生成的目录

至此，整篇文档排版完毕。在整个排版过程中，可以注意到样式和分节的重要性。

说明：当文档中的内容或页码有变化时，可在目录中的任意位置单击右键，选择"更新域"命令，显示"更新目录"对话框，如图 4-54 所示。如果只是页码发生改变，可选择"只更新页码"。如果有标题内容的修改或增减，可选择"更新整个目录"。

图 4-54　"更新目录"对话框

提示：采用样式，可以实现边录入边快速排版，修改样式、格式时能够使整篇文档中凡是用到该样式的文本自动更改格式，并且易于进行文档的层次结构的调整和生成目录。

4.4　制作求职信函

王小强和同学们正面临毕业和就业的关口，一面忙于毕业实习、答辩，一面忙于向心仪的单位投放求职信。个人求职信除了抬头单位称呼不同，其内容基本相同。如图 4-55 所示的是王小强的一份求职信。

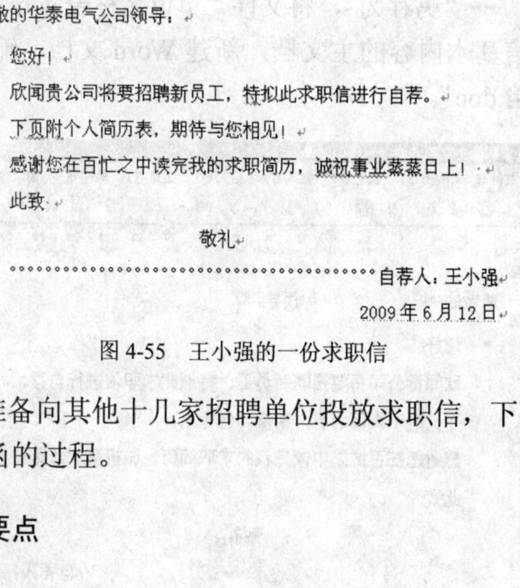

尊敬的华泰电气公司领导：

您好！

欣闻贵公司将要招聘新员工，特拟此求职信进行自荐。

下页附个人简历表，期待与您相见！

感谢您在百忙之中读完我的求职简历，诚祝事业蒸蒸日上！

此致

　　　　敬礼

　　　　　　　　　　　　　　　自荐人：王小强

　　　　　　　　　　　　　　　2009 年 6 月 12 日

图 4-55　王小强的一份求职信

除此之外，王小强还准备向其他十几家招聘单位投放求职信，下面就是王小强利用 Word 邮件合并功能制作求职信函的过程。

4.4.1　邮件合并知识要点

1．邮件合并的概念

邮件合并是指使用 Word 在定制的同样格式的文档中引用不同的数据，完成文档编辑的操作过程。例如，在大批量制作请柬，或者给许多客户发相同内容的信件时，需要在文档中输入收件方的名字、地址等信息，就可以使用 Word 的邮件合并功能。这样制作时，只需要设计一份信件或请柬，加上现成的客户通讯录，即可自动地添加客户名称，制作成一批信件或请柬。

2．邮件合并的方法

选择"工具"→"信函与邮件"→"邮件合并工具栏"命令，打开"邮件合并"工具栏，通过"邮件合并"工具栏的按钮进行邮件合并操作。也可选择"工具"→"信函与邮件"→"邮件合并"命令，打开"邮件合并"任务窗格，在任务窗格中进行邮件合并操作。

4.4.2 利用邮件合并制作求职信函

任务 4-11：利用邮件合并制作求职信函。

操作步骤如下。

（1）建立数据源。

① 新建 Word 文档"单位名称表.doc"，录入招聘单位的名称，如图 4-56 所示。

序号	单位名称	单位地址	邮编	Email 地址
1	华泰电气公司	北京		
2	康德电气公司	合肥		
3	云开电气公司	云南		
4	力天电气公司	宜昌市		
5	施耐德电气公司	广东		
6	震宇电气公司	合肥		
7	思源电气公司	上海		

图 4-56 单位名称表

② 单击菜单"文件"→"另存为"，将文件"单位名称表.doc"保存在"素材"文件夹下。

（2）创建包含求职信基本内容的主文档，新建 Word 文档，输入如图 4-57 所示的内容，并保存为"求职信主文档.doc"。

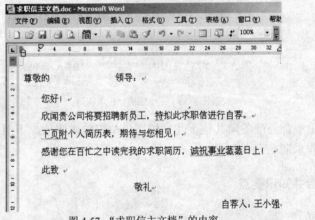

图 4-57 "求职信主文档"的内容

（3）打开"求职信主文档.doc"，选择"工具"→"信函与邮件"→"邮件合并工具栏"命令，打开"邮件合并"工具栏，如图 4-58 所示。

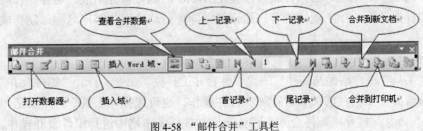

图 4-58 "邮件合并"工具栏

（4）单击"邮件合并"工具栏中的"打开数据源"按钮，打开"选取数据源"对话框。

（5）在"选取数据源"对话框中，选择文件"单位名称表.doc"，如图 4-59 所示，单击"打开"按钮，返回 Word 编辑界面。

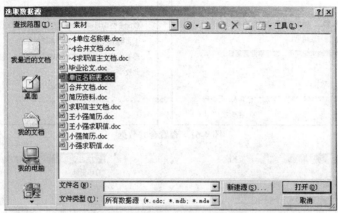

图 4-59 选择文件"单位名称表.doc"

（6）将光标移到文档中要出现"单位名称"的位置，单击"邮件合并"工具栏中的"插入域"按钮，打开"插入合并域"对话框，在"域"列表中选择"单位名称"项，如图 4-60 所示。单击"插入"按钮，插入"单位名称"域，单击"关闭"按钮。

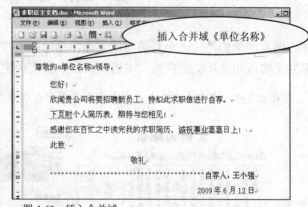

图 4-60 插入合并域

（7）单击"邮件合并"工具栏中的"查看合并数据"按钮，此时将显示合并后的第一个求职信的文档效果；单击"邮件合并"工具栏中的"首记录"按钮、"上一记录"按钮、"下一记录"按钮及"尾记录"按钮，可以浏览到每一份求职信，如图 4-61 所示。

（8）单击"邮件合并"工具栏中的"合并到新文档"按钮 ，打开"合并到新文档"对话框，如图 4-62 所示，选中"全部"单选按钮，单击"确定"按钮，生成新文档。

（9）浏览合并后的文档，包括针对所有招聘单位的求职信，每封求职信分页显示。单击菜单"文件"→"另存为"，将生成的新文档命名为"合并求职信"，保存在"素材"文件夹下。

（10）打印求职信，单击"邮件合并"工具栏中的"合并到打印机"按钮 ，打开"合并到打印机"对话框，如图 4-63 所示，选中"全部"单选按钮，单击"确定"按钮，弹出"打印机"对话框，设置打印份数等参数后，单击"打印"按钮即可开始打印。

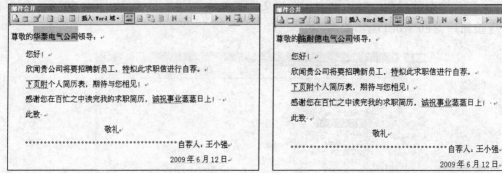

图 4-61 查看合并数据

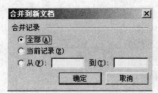

图 4-62 "合并到新文档"对话框

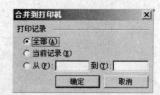

图 4-63 "合并到打印机"对话框

4.5 制作电子报

王小强和同学们经过一个月的岗位实训，感觉收获颇丰，期间他们利用 Word 图文混排功能编制了实训园地报交流信息、增进友谊、丰富实训生活，样报如图 4-64 所示。

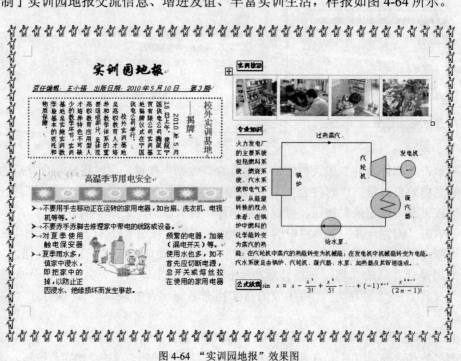

图 4-64 "实训园地报"效果图

　　制作实训园地报，先要准备素材，包括绘制"火力发电厂汽水系统流程图"和编辑数学公式。

任务 4-12：画出火力发电厂汽水系统流程图，如图 **4-65** 所示。

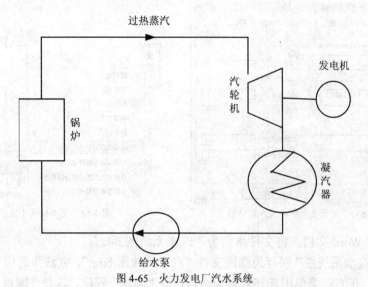

图 4-65　火力发电厂汽水系统

操作步骤如下。

（1）新建 Word 文档。

（2）单击菜单"视图"→"工具栏"→"绘图"命令，显示出绘图工具栏。如果绘图工具栏已显示，则可省略步骤（2）。

（3）在"绘图工具栏"中单击"矩形"按钮□，在出现的画布中适当位置，按住鼠标左键拖曳，画出大小适中的矩形，作为图中锅炉的标识。

（4）在"绘图工具栏"中单击"自选图形"右侧的下三角，选择"基本形状"→"梯形"命令，在画布中绘制一个梯形，选择梯形，单击右键，在弹出的右键菜单中选择"设置自选图形格式"，在如图 4-66 所示的"设置自选图形格式"对话框中，设置旋转 90°，调整好梯形的大小和位置，作为图中汽轮机的标识。

（5）单击"椭圆"按钮○，绘制一个椭圆，调整椭圆的形状、大小和位置，作为图中发电机的标识。

（6）单击"椭圆"按钮○，绘制第 2 个椭圆，作为图中凝汽器的标识。

（7）单击"椭圆"按钮○，绘制第 3 个椭圆，作为图中给水泵的标识。

（8）单击"线条"按钮＼，绘制直线连接各标识。

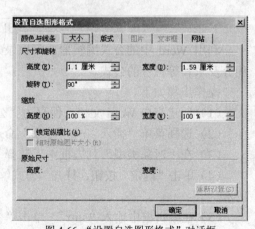

图 4-66　"设置自选图形格式"对话框

（9）单击"文本框"按钮▣，将文本框置于标识边适当位置，输入相应文字，用鼠标右击文本框，在弹出的快捷菜单中选择"设置文本框格式"弹出"设置文本框格式"对话框，如图 4-67 所示，设置颜色为"无线条颜色"。在文本框的快捷菜单中选择"叠放次序"→"置于底层"命令，如图 4-68 所示，这样的设置可以使文本框中的文字更靠近图中的标识。

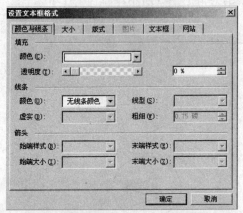

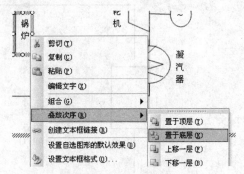

图 4-67 "设置文本框格式"对话框　　　　　　图 4-68 文本框置于底层

（10）保存 Word 文档，将文件命名为"汽水系统图.doc"。

（11）将"汽水系统图"保存为画图文件"汽水系统图.bmp"，方法为选中"汽水系统图"，单击鼠标右键，在右键菜单中选择复制命令，打开"画图"程序，选择"编辑""粘贴"命令，将汽水系统图复制到画图文件中，选择"保存"命令，将汽水系统图保存为"汽水系统图.bmp"以备后用。

试一试：在用 Word 绘制图形时，都是将数个简单的图形拼接成一个复杂的图形。把这些简单的图形组合成一个整体对象的操作方法是：选择"视图"→"工具栏"→"绘图"命令，打开"绘图工具栏"，单击绘图工具栏左端白色箭头状的"选择对象"按钮，再拖动鼠标，在想要组合的图片周围画一个矩形框，则框中的对象就全部被选中了。右击选中图形，选"组合"→"组合"命令即大功告成。

任务 4-13：在文档中插入以下公式。

$$\sin x \approx x - \frac{x^3}{3!} + \frac{x^5}{5!} - \cdots + (-1)^{n-1} \frac{x^{2n-1}}{(2n-1)!}$$

利用 Word 中的公式编辑器，可以录入包括各种符号的复杂公式，如包含分式、根式、积分及求和等符号的公式。

操作步骤如下。

（1）新建空白 Word 文档，保存为"公式.doc"。

（2）选择菜单"插入"→"对象"命令，打开"对象"对话框。

（3）在"对象类型"列表框中，选择"Microsoft 公式 3.0"选项，如图 4-69 所示。

（4）单击"确定"按钮，打开"公式编辑器"窗口，同时显示"公式"工具栏，如图 4-70 所示。

（5）在编辑框中输入"sin$x$"，单击"公式"工具栏上行中"关系符号"按钮 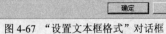 ，从打开的列表框中选择 ≈ 符号，然后输入"$x-$"。

（6）单击"分式和根式模板"按钮 ，从打开的列表框中选择 分式模板。

（7）将编辑框中的插入点置于分子框，单击"下标和上标模板"按钮 ，从打开的列表框中选择▓模板，如图 4-71 所示。

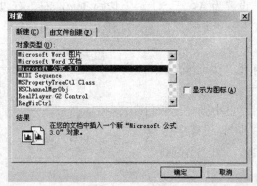

图 4-69 选择"Microsoft 公式 3.0"选项

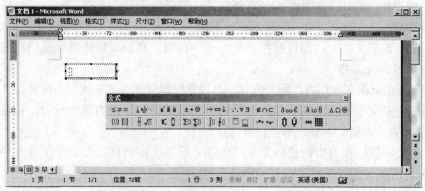

图 4-70 "公式编辑器"窗口与"公式"工具栏

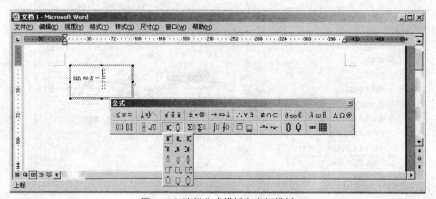

图 4-71 选择分式模板和上标模板

（8）在上标框中输入"3"，将插入点移至分子框正常状态，输入"x"。

（9）在分母标框中输入"3!"。

（10）将插入点移至编辑框正常状态下，输入"+"。

（11）重复操作步骤（6）、（7）、（8）、（9），完成整个公式的输入。

任务 4-14：编制实训园地报。

操作步骤如下。

（1）准备素材，包括"汽水系统图"和数学公式等。

（2）新建空白 Word 文档，保存为"实训园地报.doc"。

（3）进行页面设置，设置为 A4 纸，上、下边距 3cm，左、右边距 2.5cm。

（4）选择菜单"格式"→"分栏"命令，打开"分栏"对话框，如图 4-72 所示，设置整张页面分 2 栏。

（5）在第一行输入标题"实训园地报"，设置字体为"华文行楷"，字号为"一号"。

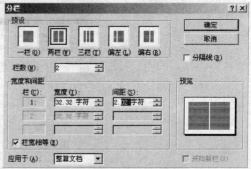

（6）输入"责任编辑：王小强　出版日期：2010 年 5 月 10 日　　第 3 期"，设置字体为"宋体"，字号为"五号"，斜体，加"下划线"。

（7）插入文本框。

① 选择菜单"插入"→"文本框"→"竖排"命令，或单击"绘图"工具栏中的"竖排文本框"按钮。

图 4-72　"分栏"对话框

② 将光标置于文档中，当鼠标指针变为十字形时，移动鼠标指针至适当位置，按住鼠标左键拖动，绘制文本框。

③ 将光标定位在文本框内，输入内容，并设置标题格式为"宋体"、"绿色"、"小三"。

④ 单击选中文本框，分别移动鼠标指针至文本框的边和角的选中标记，按住鼠标左键上下、左右拖动，调整文本框大小至合适为止。

⑤ 右击文本框，在弹出的快捷菜单中选择"设置文本框格式"命令，打开"设置文本框格式"对话框，设置线条虚实为"菱形点"，粗细为"2.5 磅"，如图 4-73 所示。

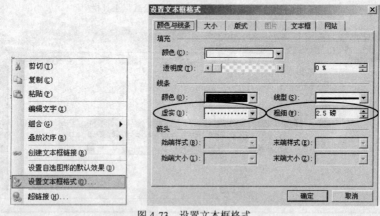

图 4-73　设置文本框格式

（8）插入艺术字"小常识："。

① 选择菜单"插入"→"图片"→"艺术字"命令，或单击"绘图"工具栏中的"插入艺术字"按钮，打开"艺术字库"对话框，如图 4-74 所示。

② 选择一种艺术字样式后，单击"确定"按钮，打开"编辑'艺术字'文字"对话框，如图 4-75 所示。

③ 删除文字编辑框中"请在此键入您自己的内容"，输入文字"小常识："，选择字体为"宋体"，字号为"36"，单击"确定"按钮，即可将艺术字插入文档中。

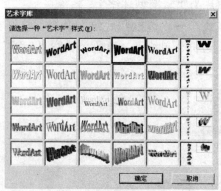

图 4-74 "艺术字库"对话框

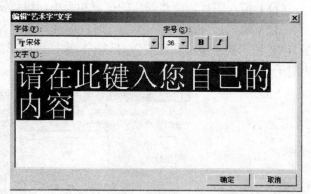

图 4-75 "编辑'艺术字'文字"对话框

④ 选中艺术字，单击"艺术字"工具栏上的"艺术字形状"按钮，在出现的如图 4-76 所示的列表中，选择"左近右远"类型。

⑤ 选中艺术字，单击"艺术字"工具栏上的"文字环绕"按钮，在出现的列表中选择"嵌入型"。

（9）在文档中定位插入点，选择"插入"→"图片"→"剪贴画"命令，打开"剪贴画"任务窗格，如图 4-77 所示。单击一个图片，将选择的图片插入到文档中。

图 4-76　设置"艺术字形状"

（10）输入 4 个段落的文字，并选中这些段落，选择菜单"格式"→"项目符号和编号"命令，打开如图 4-78 所示的"项目符号和编号"对话框，选一种符号后单击"确定"按钮。

图 4-77　"剪贴画"任务窗格

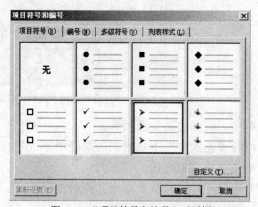

图 4-78　"项目符号和编号"对话框

（11）插入图片，调整图片的位置和大小，设置图片为"紧密型环绕"。

（12）输入，并选中"实训掠影"，选择菜单"格式"→"边框和底纹"命令，打开如图 4-79 所示的"边框和底纹"对话框，选择"阴影"边框、单线型、蓝色、线宽"1 磅"、应用于"文字"，单击"确定"按钮。

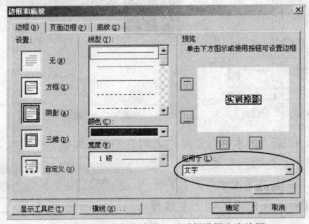

图 4-79　在"边框和底纹"对话框设置文字边框

（13）插入一个 1 行 4 列的表格，分别在表格中的单元格内插入图片，调整图片高为 2.2cm、宽为 3cm，以适应表格大小。

（14）输入"专业知识"版块中的文字，包括标题、正文，插入火力发电厂汽水系统图片。

（15）输入"公式欣赏"版块的标题，插入公式。

（16）设置艺术型页面边框。

① 选择菜单命令，打开"边框和底纹"对话框，如图 4-80 所示。

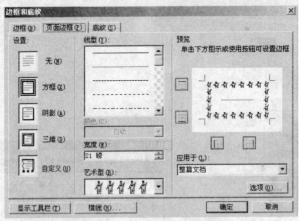

图 4-80　在"边框和底纹"对话框设置页面边框

② 单击"页面边框"选项卡。

③ 打开"艺术型"下拉列表，选择"小人"选项。

④ 单击"确定"按钮。

（17）选择"打印预览"命令，查看编辑效果。

（18）保存文件。

4.6　课 后 练 习

一、选择题

1．直接启动 Word 2003 时，系统自动建立新文档窗口，此时标题栏显示的文档名为_____。

　A．用户的计算机名称　　　　　　　　B．"BOOK1"

　C．"新文档 1"　　　　　　　　　　　D．"文档 1"

2．Word 2003 文档文件默认的扩展名是_____。

　A．.txt　　　　　B．.wps　　　　　C．.doc　　　　　D．.bmp

3．在 Word 2003 中，_____视图方式可以显示出分页符，但不能显示出页眉和页脚。

　A．普通　　　　　B．页面　　　　　C．大纲　　　　　D．Web 版式

4．在 Word 2003 中，下列关于查找、替换功能的叙述，正确的是_____。

　A．不可以指定查找文字的格式，但可以指定替换文字的格式

　B．不可以指定查找文字的格式，也不可以指定替换文字的格式

　C．可以指定查找文字的格式，但不可以指定替换文字的格式

　D．可以指定查找文字的格式，也可以指定替换文字的格式

5．在编辑 Word 2003 文档时，如果输入的新字符总是覆盖文档中插入点处已输入的字符，原因是_____。

　A．当前文档正处于改写的编辑方式　　B．当前文档正处于插入的编辑方式

　C．文档中已有字符被选择　　　　　　D．文档中有相同的字符

6．在 Word 2003 中，选定一行文本的最方便快捷的方法是_____。

　A．在行首拖曳鼠标至行尾　　　　　　B．在选定行的左侧单击鼠标

　C．在选定行位置双击鼠标　　　　　　D．在该行位置右击鼠标

7．Word 2003 工具栏中的"格式刷"按钮可用于复制文本或段落的格式，若要将"格式刷"重复应用多次，应该_____。

　A．单击"格式刷"按钮　　　　　　　　B．双击"格式刷"按钮

　C．右击"格式刷"按钮　　　　　　　　D．拖动"格式刷"按钮

8．在 Word 2003 中，要求在打印文档时每一页上都有页码，_____。

　A．已经由 Word 根据纸张大小分页时自动加上

　B．应当由用户执行"插入"菜单中的"页码"命令加以指定

　C．应当由用户执行"文件"菜单中的"页面设置"命令加以指定

　D．应当由用户在每一页的文字中自行输入

9．插入签名及常用的问候用语，最方便的方法是_____。

　A．插入符号　　　　　　　　　　　　B．插入对象

　C．插入域　　　　　　　　　　　　　D．插入自动图文集中的相关选项

10．在 Word 中，两节之间的分节符被删除后，以下_____说法正确。

　A．两部分依然保留节格式信息

B．下一节成为上一节的一部分，其格局与上一节相同

C．上一节成为下一节的一部分，其格式与下一节相同

D．保存两节雷同的节格式化信息部分

11．下列对 Word 2003 文档中"节"的说法中，错误的是_____。

A．整个文档可以是一个节，也可以将文档分成几个节

B．分节符由两条点线组成，点线中间有"节的结尾"4 个字

C．分节符在 Web 视图中不看见

D．不同节可采用不同的格式排版

12．在 Word 2003 的编辑状态下，仅有一个窗口编辑文档 wd.doc，单击窗口菜单栏中的"拆分"命令后_____。

A．又为 wd.doc 文档打开了一个新窗口

B．wd.doc 文档的旧窗口被关闭，打开了一个新窗口

C．仍是一个窗口，但窗口被分成上下两部分，分别显示该 wd.doc 文档

D．仍是一个窗口，但窗口被分成上下两部分，仅上部分显示该 wd.doc 文档

13．在 Word 2003 中，拆分单元格指的是_____。

A．把选取的单元格按行、列进行任意拆分

B．从某两列之间把原来的表格分为左右两个表格

C．从表格的正中间把原来的表格分为两个表格，方向由用户指定

D．在表格中由用户任意指定一个区域，将其单独存为另一个表格

14．在 Word 2003 中，下列关于查找与替换的操作，错误的有_____。

A．查找与替换的内容不能是特殊格式文字　　B．查找与替换不能对段落格式进行操作

C．能查找并替换段落标记、分页符　　　　　D．查找与替换可以对指定格式进行操作

15．在 Word 2003 中，可以编辑的文件类型包括_____。

A．Word 文件　　　B．网页文件　　　C．文本文件　　　D．可执行文件

16．在 Word 2003 中，如果想显示"标尺"信息，应切换至_____。

A．页面视图　　　B．普通视图　　　C．大纲视图　　　D．打印预览状态

17．在 Word 2003 中，下列叙述正确的有_____。

A．为保护文档，用户可以设定以"只读"方式打开文档

B．Word 是一种纯文本编辑工具

C．利用 Word 可制作图文并茂的文档

D．文档输入过程中，可设置每隔 10min 自动进行保存文件操作

18．在 Word 2003 中，图形可以以多种环绕形式与文本混排，文字环绕形式主要有_____。

A．四周型　　　　B．穿越型　　　　C．上下型　　　　D．左右型

19．在 Word 2003 中，下列关于艺术字的说法正确的是_____。

A．艺术字是特殊的图片　　　　　　　B．艺术字是普通字符

C．可以将普通文字转换为艺术字　　　D．可以任意旋转艺术字

20．在 Word 2003 中，有关样式的说法正确的是_____。

A．样式就是指被冠以同一名称的一组命令或格式的集合

B．使用样式能够提高文档的编辑排版效率

C．使用样式能够自动录入文字

D．样式一经生成不能修改

二、操作题

1．在 Word 2003 中录入下列文章。

走向"物联网"时代

物联网（The Internet of things），简称 IOT，它是通过射频识别（RFID）、红外感应器、全球定位系统、激光扫描器等信息传感设备，按约定的协议，把任何物品与互联网连接起来，进行信息交换和通信，以实现智能化识别、定位、跟踪、监控和管理的一种网络。

物联网用途广泛，遍及智能交通、环境保护、政府工作、公共安全、平安家居、智能消防、工业监测、老人护理、个人健康、花卉栽培、水系监测、食品溯源、敌情侦查和情报搜集等多个领域。

物联网把新一代 IT 技术充分运用在各行各业之中，具体地说，就是把感应器嵌入和装备到电网、铁路、桥梁、隧道、公路、建筑、供水系统、大坝、油气管道等各种物体中，然后将"物联网"与现有的互联网整合起来，实现人类社会与物理系统的整合，在这个整合的网络当中，存在能力超级强大的中心计算机群，能够对整合网络内的人员、机器、设备和基础设施实施实时的管理和控制，在此基础上，人类可以以更加精细和动态的方式管理生产和生活，达到"智慧"状态，提高资源利用率和生产力水平，改善人与自然间的关系。

国际电信联盟于 2005 年的一份报告曾描绘"物联网"时代的图景：当司机出现操作失误时，汽车会自动报警；公文包会提醒主人忘带了什么东西；衣服会"告诉"洗衣机对颜色和水温的要求等。亿博物流咨询公司生动地介绍了物联网在物流领域内的应用，例如，一家物流公司应用了物联网系统的货车，当装载超重时，汽车会自动告诉你超载了，并且超载多少，但空间还有剩余，告诉你轻重货怎样搭配；当搬运人员卸货时，一只货物包装可能会大叫"你扔疼我了"，或者说"亲爱的，请你不要太野蛮，可以吗？"；当司机在和别人扯闲话时，货车会装做老板的声音怒吼，"该发车了！"

毫无疑问，如果"物联网"时代来临，人们的日常生活将发生翻天覆地的变化。

录入后按如下要求进行格式设置和排版。

（1）设置整篇文档的纸张为 16 开（18.4cm×26cm），上边距和左边距分别为 2cm 和 3cm。

（2）将标题"走向"物联网"时代"居中，并将标题设为黑体、二号字、加粗，标题段前距设为 1 行、段后距设为 2 行。

（3）将正文第一段首行缩进 2 个字符，首字下沉 2 行，下沉字符字体设为"隶书"。

（4）将正文第 2 段分两栏，两栏间添加一个分隔线，其中第 1 栏宽度 14 字符，第 2 栏宽度 16 字符。

（5）将正文第 1 段的格式复制到第 3 段上；并为第 3 段添加蓝色、双线段落边框。

（6）将正文第 4 段设悬挂缩进 2 字符，行距设置为固定值 15 磅。将文字"衣服会"告诉"洗衣机对颜色和水温的要求"加上红色边框，将"汽车会自动告诉你超载了"加上黄色底纹，将“一只货物包装可能会大叫“你扔疼我了””加 15%的浅青绿底纹。

（7）将全文中的“物联网”（标题和第 1 段落除外）替换为英文缩写“IOT”。

（8）添加页眉“计算机网络新技术”，设为右对齐。

（9）在文章最后添加一个 5 行 6 列的表格，设置表格的外框线为黄色双线。

（10）用菜单命令在文档右下脚插入页码。

2．制作如图 4-81 所示的文稿。

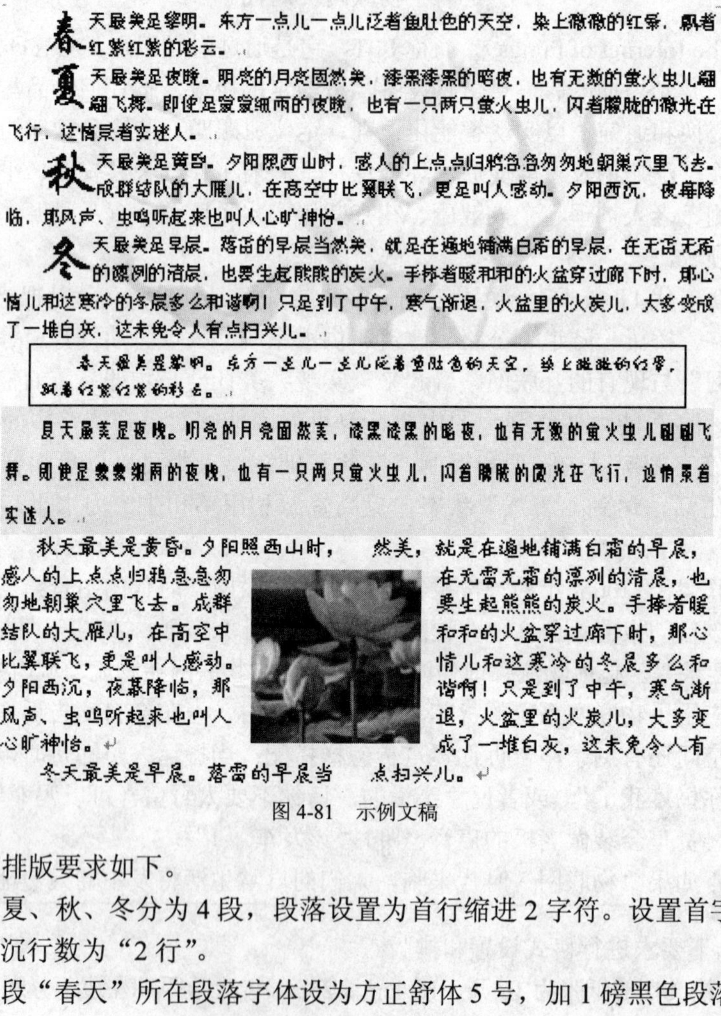
春天最美是黎明。东方一点儿一点儿泛着鱼肚色的天空，染上微微的红晕，飘着红紫红紫的彩云。

夏天最美是夜晚。明亮的月亮固然美，漆黑漆黑的暗夜，也有无数的萤火虫儿翩翩飞舞。即使是蒙蒙细雨的夜晚，也有一只两只萤火虫儿，闪着朦胧的微光在飞行，这情景着实迷人。

秋天最美是黄昏。夕阳照西山时，感人的上点点归鸦急急匆匆地朝巢穴里飞去。成群结队的大雁儿，在高空中比翼联飞，更是叫人感动。夕阳西沉，夜幕降临，那风声、虫鸣听起来也叫人心旷神怡。

冬天最美是早晨。落雪的早晨当然美，就是在遍地铺满白霜的早晨，在无雪无霜的凛冽的清晨，也要生起熊熊的炭火。手捧着暖和和的火盆穿过廊下时，那心情儿和这寒冷的冬晨多么和谐啊！只是到了中午，寒气渐退，火盆里的火炭儿，大多变成了一堆白灰，这未免令人有点扫兴儿。

春天最美是黎明。东方一点儿一点儿泛着鱼肚色的天空，染上微微的红晕，飘着红紫红紫的彩云。

夏天最美是夜晚。明亮的月亮固然美，漆黑漆黑的暗夜，也有无数的萤火虫儿翩翩飞舞。即使是蒙蒙细雨的夜晚，也有一只两只萤火虫儿，闪着朦胧的微光在飞行，这情景着实迷人。

秋天最美是黄昏。夕阳照西山时，感人的上点点归鸦急急匆匆地朝巢穴里飞去。成群结队的大雁儿，在高空中比翼联飞，更是叫人感动。夕阳西沉，夜幕降临，那风声、虫鸣听起来也叫人心旷神怡。

冬天最美是早晨。落雪的早晨当然美，就是在遍地铺满白霜的早晨，在无雪无霜的凛冽的清晨，也要生起熊熊的炭火。手捧着暖和和的火盆穿过廊下时，那心情儿和这寒冷的冬晨多么和谐啊！只是到了中午，寒气渐退，火盆里的火炭儿，大多变成了一堆白灰，这未免令人有点扫兴儿。

图 4-81　示例文稿

格式设置和排版要求如下。

（1）将春、夏、秋、冬分为 4 段，段落设置为首行缩进 2 字符。设置首字下沉，字体为“华文行楷”，下沉行数为“2 行”。

（2）将第 5 段“春天”所在段落字体设为方正舒体 5 号，加 1 磅黑色段落边框线。边框线距正文上 1 磅、下 1 磅、左 4 磅、右 4 磅。

（3）将第 6 段“夏天”所在段落，设置浅绿色段落底纹。

（4）将最后 2 个段落设置为字体楷体，小四，段落首行缩进 2 字符，分 2 栏。插入图片，将图片的版式设置为紧密型环绕。

（5）为前 4 段版面，制作图片水印效果。

3．利用所学的 Word 排版技术，制作一份班级电子板报。

4．利用邮件合并功能，为老师和同学制作“元旦联欢晚会邀请函”，邀请函内容自定，要求附加节目单表格。

第 5 章

使用电子表格处理软件 Excel 2003

5.1 Excel 2003 简介

5.1.1 Excel 2003 的启动与退出

1．Excel 2003 的启动

单击"开始"菜单→"所有程序"→"Microsoft Office"→"Microsoft Office Excel 2003"命令即可运行 Excel 应用程序。

2．Excel 2003 的退出

用鼠标单击 Excel 窗口标题栏右侧的 ⊠ 按钮，即可退出程序。

5.1.2 Excel 2003 的工作环境

Excel 2003 窗口的结构与 Word 窗口非常相似，除了有标题栏、菜单栏、工具栏外，另外还有一个编辑栏、工作表标签、状态栏。

图 5-1　Excel 2003 的窗口

● 工作簿和工作表：一个 Excel 文件就是一个工作簿。一个工作簿里默认有 3 张工作表。每一张工作表都是独立的，可以单独编辑。用户可以通过窗口左下角的工作表标签来切换、添加、删除、移动、复制工作表。

● 单元格：工作表是由很多个单元格组成的。每个单元格都有名称，单元格名称是由列标和行号组成，如 C12，此单元格在第 C 列第 12 行。被选中的单元格被称做活动单元格，其名称显示在编辑栏左侧的名称框内。

● 编辑栏：编辑或查看单元格的内容。

5.2 产品销售表的制作

5.2.1 在工作表中建立表格

任务 5-1：单元格的选定。

操作步骤如下。

（1）选定单元格"A1"。

方法一：用鼠标直接单击 A1 单元格。

方法二：在名称框中输入"A1"，如图 5-2 所示，按回车键后，A1 单元格将被选中。

（2）选定连续区域"B3:D8"。

方法一：把鼠标指针放在 B3 单元格上，然后按下鼠标左键往右下脚拖动，一直拖到 D8 单元格上，松开鼠标左键。

方法二：在名称框中键入"B3:D8"，按回车键即可将 B3:D8 区域选中，如图 5-3 所示。

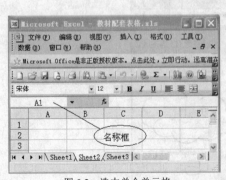

图 5-2 选中单个单元格

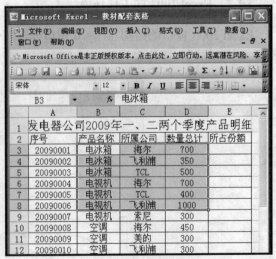

图 5-3 选中连续区域

（3）选定不连续区域"A2，B3，B5，C2，D3"。

方法一：先用鼠标选取 A2 单元格，然后按住 Ctrl 键不放，用鼠标分别去单击 B3、B5、

C2、D3 这几个单元格。全部选完后松开 Ctrl 键。

方法二：在名称框中键入"A2，B3，B5，C2，D3"，按回车键即可，如图 5-4 所示。

（4）选定某行。单击编辑区左侧的某个行号，如 2，即可选中第 2 行整行。

（5）选定某列。单击编辑区上方的某个列标，如 C，即可选中整个 C 列。

（6）选定整张工作表。单击行号 1 和列标 A 之间的空白区域，即可选中整个工作表。

任务 5-2：利用编辑栏为单元格输入数据。

操作步骤如下。

（1）选中某个单元格，如 A3。

（2）把光标定在编辑栏上，输入文字"你好"。

图 5-4　选中不连续区域

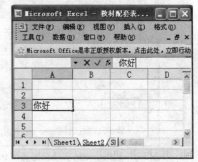

图 5-5　利用编辑栏输入数据

（3）单击编辑栏左边的"✓"，确定输入。如果想取消输入，则可单击编辑栏左边的"✕"。

任务 5-3：特殊数据的输入。

操作步骤如下。

（1）字符型数据的输入。

要输入电话号码、学号等，应先输入单引号，再输入数字，如"'334579"。

（2）输入日期和时间。

输入日期：用"/"或"-"来分隔年、月和日，如"2009-1-3"。

输入时间：按 24 小时制输入时间，只须用冒号分隔，如 16:30:20 表示下午 4 时 30 分 20 秒；若按 12 小时制输入，要在时间数字后加一空格，然后输入 a（AM）或 p（PM），前者表示上午，后者表示下午，如表示下午 4 时 30 分 20 秒，应输入"4:30:20 p"。

输入当前日期快捷键为"Ctrl + ;"。

输入当前时间快捷键为"Ctrl +Shift + ;"。

（3）输入分数。

要输入"2/3"，须输入"0 2/3"。即在输入分数 2/3 之前，先输入"0"，然后再输入一个空格。

任务 5-4：利用填充柄实现等差序列的自定义填充。

选中区域右下角的小黑块称做"填充柄"。

操作步骤如下。

（1）在 A2 单元格内输入"20090001"，在 A3 单元格内输入"20090005"。

（2）选中 A2、A3 两个单元格。

（3）把鼠标指针放在填充柄上，按下鼠标左键向下拖，拖到 A7 单元格后松开鼠标左键，就可得到步长为 4 的等差序列，如图 5-6 所示。

任务 5-5：利用"编辑"菜单实现序列的自定义填充。

操作步骤如下。

（1）在 A2 单元格内输入"20090001"，按回车键确认后，再将 A2 单元格选中。

（2）单击"编辑"菜单，选择"填充"→"序列"命令，在弹出的"序列"对话框中作如图 5-7 所示的设置，按"确定"按钮即可。

图 5-6　利用填充柄实现自定义填充

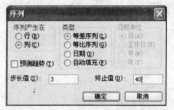

图 5-7　利用"编辑"实现自定义填充

任务 5-6：为选中区域集体输入数据。

操作步骤如下。

（1）选中一块区域，可以是连续区域，也可以是不连续区域。例如，按住 Ctrl 键，用鼠标分别选中 A2、B3、B5、C2、D3 这几个单元格。

（2）从键盘上输入"你好"。

（3）按住 Ctrl 键，同时按回车键，即可发现刚才被选中的那几个单元格中，都有了同样的输入，如图 5-8 所示。

任务 5-7：单元格数据的编辑。

操作步骤如下。

（1）清除单元格数据。选中要清除数据的单元格，按 Delete 键。

图 5-8　为选中区域集体输入数据

（2）对单元格中的数据做部分修改。在要修改的单元格上双击，选中要修改的部分，然后输入数据，最后按回车键确认即可。

（3）单元格数据的移动。

方法一：选中要移动的单元格，把光标放在选中区域的边框上，按下鼠标左键，将鼠标指针拖到目标单元格后，松开鼠标左键。

方法二：利用"剪切"、"粘贴"命令移动单元格数据。

（4）单元格数据的复制。

方法一：选中要移动的单元格，把光标放在选中区域的边框上，按住 Ctrl 键，同时按下鼠标左键，将鼠标指针拖到目标单元格后，先松开鼠标左键，再松开 Ctrl 键。

方法二：利用"复制"、"粘贴"命令复制单元格数据。

5.2.2　格式化表格

任务 5-8：将数字型数据转换成文本。

操作步骤如下。

（1）建立如图 5-9 所示的表格，选择 A3:A12 单元格中的数字型数据。

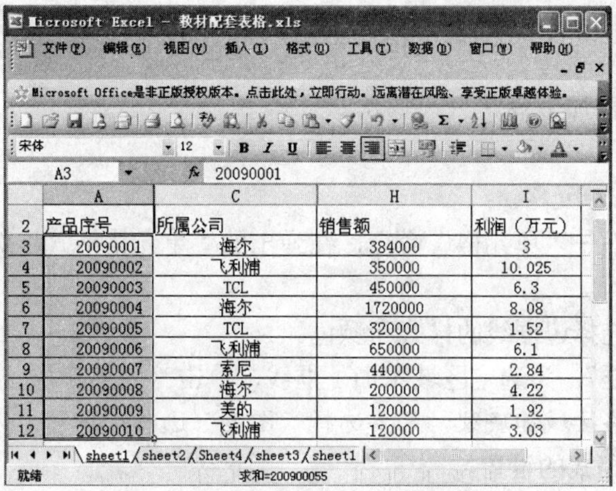

图 5-9　将数字型数据转换成文本

（2）选择"格式"→"单元格"命令，弹出"单元格格式"对话框，选择"数字"选项卡，在分类中选择"文本"，如图 5-10 所示。

（3）单击"确定"按钮。

提示：在 Excel 中，默认情况下，文本型数据是居左对齐，而数字型数据是居右对齐。

试一试：将图 5-9 所示工作表中 H3:H12 区域数据转换成会计专用格式。

任务 5-9：设置标题。

操作步骤如下。

（1）选中 A1 单元格，并输入标题："宏发电器公司 2009 年一季度产品明细表"。

（2）选中 A1:I1 单元格。

（3）选择"格式"→"单元格"命令，在打开的"单元格格式"对话框中选择"对齐"选项卡，如图 5-11 所示。

（4）单击"水平对齐"列表框右侧的按钮，在展开的列表中选择"居中"。单击"垂直对齐"列表框右侧的按钮，在展开的列表中选择"居中"。

（5）将"合并单元格"复选框选中。

（6）在窗口右侧，用鼠标上下拖动小红点，即可改变单元格数据的方向。也可以通过调节度数来改变方向。

（7）单击"确定"按钮。

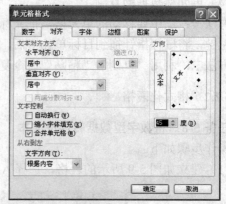

图 5-10 "单元格格式"对话框"数字"选项卡 图 5-11 "单元格格式"对话框"对齐"选项卡

任务 5-10：给表格加边框。

操作步骤如下。

（1）选中 A2:H12 单元格。

（2）选择"格式"→"单元格"命令，在弹出的"单元格格式"对话框中选择"边框"选项卡，如图 5-12 所示。

（3）在窗口右边选择边框线的样式和颜色。

（4）单击"外边框"，为选定区域添加外框线，单击"内部"，为选定区域添加内框线。

提示：要想给表格区域加底纹，只要选择"图案"选项卡即可。

任务 5-11：条件格式的设置。

条件格式就是将工作表中满足条件的数据用特殊格式显示出来。

操作步骤如下。

（1）在如图 5-13 所示的工作表中选中 E3:E12 区域。

图 5-12 "单元格格式"对话框"边框"选项卡

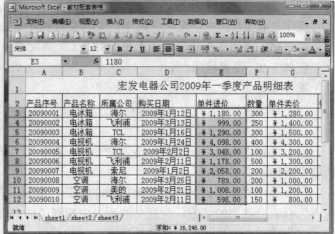

图 5-13 条件格式源数据

（2）选择"格式"→"条件格式"命令，打开如图 5-14 所示的"条件格式"对话框。

（3）在对话框的第 1 行设置条件。

（4）单击"格式"按钮来设置满足条件的数据的格式。

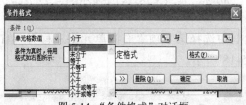

图 5-14 "条件格式"对话框

（5）单击"确定"，关闭对话框。

任务 5-12：数据的删除与清除。

操作步骤如下。

（1）如图 5-15 所示，选中数据的 B2:B12 数据区域。

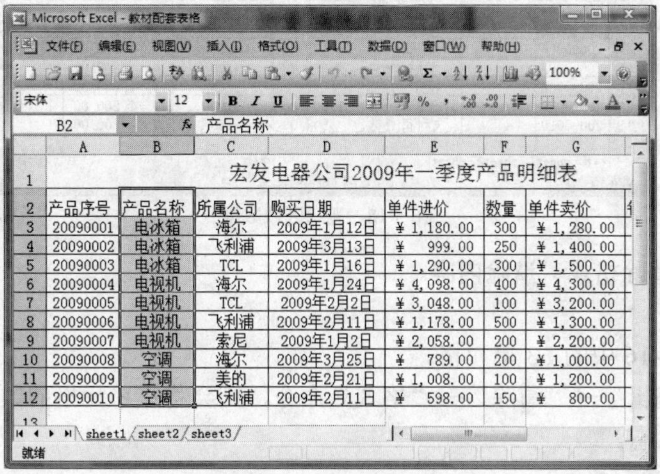

图 5-15 选中数据区域

（2）按"Delete"键，清除结果如图 5-16 所示。

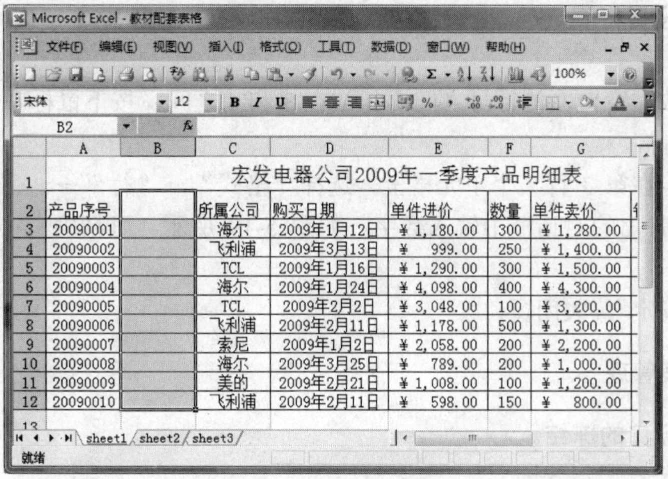

图 5-16 清除区域数据

（3）选中图 5-16 中的 D2:D12 单元格区域。

（4）选择"编辑"→"删除"命令，则会出现如图 5-17 所示的对话框。

（5）在"删除"对话框中选择第 1 项"右侧单元格左移"，单击"确定"按钮，结果如图 5-18 所示。

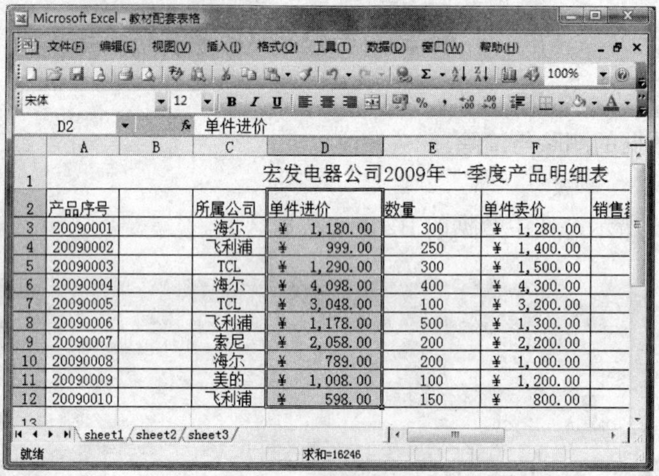

图 5-17 "删除"对话框

图 5-18 删除区域数据

任务 5-13：清除格式、清除内容。

操作步骤如下。

（1）选中图 5-16 中的 E3 单元格。

（2）选择"编辑"→"清除"→"格式"命令，则会将该单元格的数据格式清除，使数据恢复到最初的状态。

（3）选中 E4 单元格。

（4）选择"编辑"→"清除"→"内容"命令，则会将所选区域数据清除，但该单元格格式不变。

任务 5-14：设置行高。

操作步骤如下。

（1）把光标放在窗口左侧行号之间，如放在 3 和 4 之间，按下鼠标左键上下拖曳，就可以改变第 3 行的行高。

（2）把光标定在第 3 行某个单元格上，选择"格式"→"行"→"行高"命令，在弹出的对话框中输入数字，如图 5-19 所示，可精确设置行高。

图 5-19 精确设置行高

（3）单击"确定"，关闭窗口。

5.2.3 工作表管理

任务 5-15：窗口的冻结。

操作步骤如下。

（1）选中 B3 单元格。

（2）选择"窗口"→"拆分"命令，整个工作表窗口将被分成 4 个部分，如图 5-20 所示。

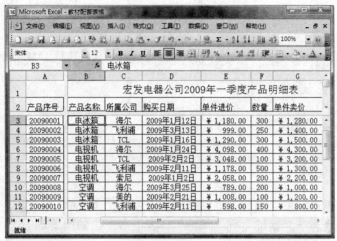

图 5-20　窗口的冻结

任务 5-16：添加工作表。

操作步骤如下。

（1）把光标放在 sheet1 上，单击鼠标右键。

（2）在出现的快捷菜单中选择"插入"，弹出"插入"对话框，如图 5-21 所示。

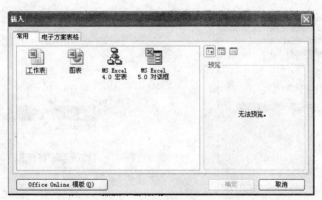

图 5-21　添加工作表

（3）在"插入"对话框中，选择"工作表"，单击"确定"按钮即可。

任务 5-17：工作表保护。

操作步骤如下。

（1）在如图 5-22 所示的工作表中，选择 C3:C12 区域。

（2）选择"格式"→"单元格"命令，打开"单元格格式"对话框，选择"保护"选项卡，如图 5-23 所示。

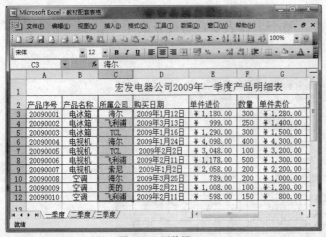

图 5-22 源数据

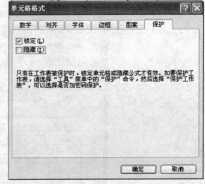

图 5-23 "单元格格式"对话框"保护"选项卡

（3）用鼠标单击"锁定"前的方框，将勾号去掉。单击"确定"关闭对话框。

（4）选择"工具"→"保护"→"保护工作表"命令，如图 5-24 所示。

（5）选中"选定未锁定的单元格"复选框。

（6）在对话框上方的文本框中输入密码。

（7）单击"确定"按钮，则会弹出"确认密码"窗口。将密码再输入一遍，单击"确定"按钮关闭对话框。

（8）此时，这张工作表被锁定的单元格将被保护起来，而没有被锁定的单元格，用户可进行某些操作。

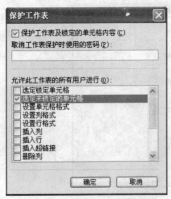

图 5-24 "保护工作表"对话框

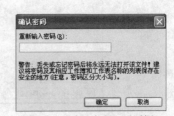

图 5-25 "确认密码"对话框

5.2.4 利用公式和函数计算

任务 5-18：在公式中引用单元格。

在 Excel 中，乘号用"*"表示，除号用"/"表示，"+"、"-"分别表示加号、减号。本任务通过公式："销售额=单件卖价*数量"来计算各产品的销售额，在公式中对某些单元格进行了相对引用，数据源如图 5-26 所示。

图 5-26 乘法运算数据源

操作步骤如下。

（1）选中 H3 单元格，输入 "="。

（2）用鼠标单击 F3 单元格（产品数量）。

（3）从键盘上输入 "*"。

（4）用鼠标单击 G3 单元格（产品单件卖价），如图 5-27 所示。

图 5-27 乘法运算

（5）按回车键，或用鼠标单击编辑栏左侧的勾号。

此时，就得到了第 1 种产品的销售额。

（6）用鼠标选中 H3 单元格，把鼠标指针放在右下角的填充柄上，按下鼠标左键向下拖，即可得到其他产品的销售额（复制公式）。

试一试：计算利润（利润=（单件卖价−单件进价）*数量）。

任务 5-19：利用 **if** 函数求等级。

产品"等级"是根据产品"利润"得来的。如果产品利润小于等于 2 万元，则等级为"差"；如果产品利润大于 2 万元小于 10 万元，则等级为"中"；如果利润大于等于 10 万元，则等级为"优"。本任务采用 if 函数的嵌套来实现各产品等级的计算，数据源如图 5-28 所示。

操作步骤如下。

（1）如图 5-28 所示，把光标选定在 J3 单元格内。

（2）从键盘上输入"="，然后单击编辑栏上的 f_x 按钮，打开"插入函数"对话框，从中选择"IF"函数，如图 5-29 所示，单击"确定"按钮，弹出"函数参数"对话框。

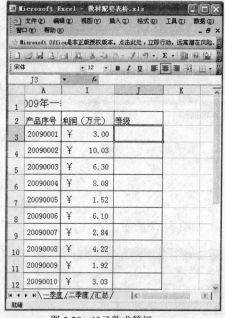

图 5-28　if 函数求等级

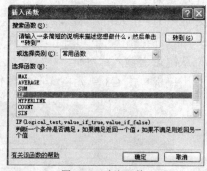

图 5-29　选取函数

（3）在"函数参数"对话框中，有 3 个文本框。在第 1 个文本框中输入"I3<=2"，在第 2 个文本框中输入"差"这个字（不要输入双引号）；把光标定在第 3 个文本框内，如图 5-30 所示。

图 5-30　if 函数的使用 1

（4）用鼠标单击"编辑栏"左侧的"IF"，如图 5-31 所示，则又会出现一个"函数参数"对话框。

（5）在新出现的对话框中，在第 1 个文本框中输入 "I3<10"，在第 2 个文本框中输入 "中"，在第 3 个文本框中输入 "优"，如图 5-32 所示。

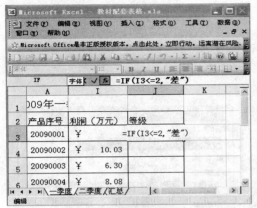

图 5-31　if 函数的使用 2　　　　　　　　　　　　图 5-32　if 函数的使用 3

（6）单击 "确定" 命令按钮。则 Excel 已在 J3 单元格算出第 1 个产品的等级，如图 5-33 所示。

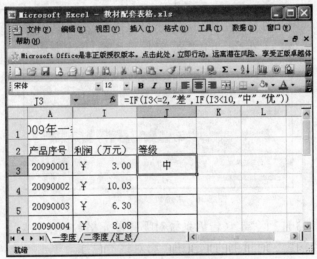

图 5-33　第 1 个产品等级

（7）选中 J3 单元格，把光标放在填充柄上，按住鼠标左键往下拖，就可进行公式复制，轻松算出其他产品的等级。

任务 5-20：利用 SUM 函数求利润总计。

操作步骤如下。

（1）如图 5-34 所示，把光标选定在 I13 单元格内。

（2）从键盘上输入 "="，然后单击编辑栏上的 按钮，打开 "插入函数" 对话框，如图 5-35 所示。

（3）在窗口下部的列表框中选择 "SUM" 函数。

（4）在打开的 SUM 函数的 "函数参数" 对方框中有两个文本框。先删除第 1 个文本框的内容，然后单击该文本框右侧的 按钮，将 "函数参数" 对话框缩小。

图 5-34 SUM 函数源数据

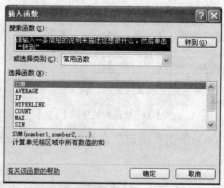

图 5-35 "插入函数"对话框

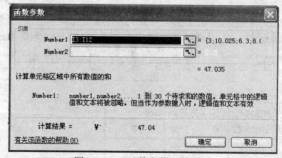

图 5-36 "函数参数"对话框

（5）用鼠标选中 I3:I12 区域。（告诉系统对哪些单元格数据求和）

（6）单击"函数参数"对话框的按钮，将对话框复原，单击"确定"按钮即可。

试一试：利用 AVERAGE 函数求利润平均值。

任务 5-21：利用 MAX 函数求最高利润。

操作步骤如下。

（1）如图 5-37 所示，把光标选定在 I15 单元格内。

（2）直接单击编辑栏上的 *fx* 按钮，打开"插入函数"对话框。

（3）在对话框下部的列表框中选择"MAX"函数，单击"确定"按钮。

（4）在弹出的 MAX 函数"函数参数"对话框中，先删除第 1 个文本框中的内容，然后单击文本框右侧的按钮，将对话框缩小。

（5）用鼠标选中 I3:I12 区域。（告诉系统对哪些单元格数据求最大值）

（6）单击上面对话框的按钮，将对话框复原，如图 5-38 所示，单击"确定"按钮即可。

图 5-37 MAX 函数源数据

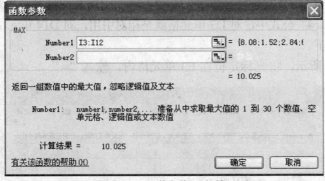

图 5-38 "函数参数"对话框

任务 5-22：涉及 3 个工作表的计算。

本任务涉及 3 个工作表。sheet1 工作表内是公司一季度产品明细表，sheet2 工作表内是公司二季度产品明细表，现在想在 sheet3 工作表中对一季度、二季度产品数量进行汇总。

操作步骤如下。

（1）把光标定位在 sheet3 工作表的 D3 单元格内，如图 5-39 所示。

（2）从键盘输入"="。

（3）用鼠标单击工作表标签"sheet1"，并选中 sheet1 的 F3 单元格。

（4）从键盘上输入"+"。

（5）用鼠标单击工作表标签"sheet2"，并选中 sheet2 的 F3 单元格。

（6）单击编辑栏上的 ✔，即在 sheet3 的 D3 单元格内计算出了海尔电冰箱一季度、二季度销售数量之和，如图 5-40 所示。

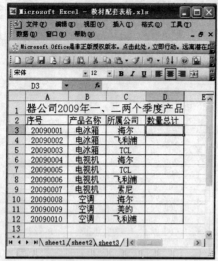

图 5-39　sheet3 工作表

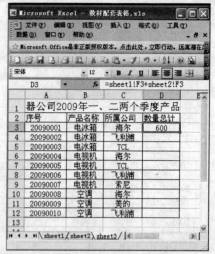

图 5-40　在 sheet3 中引用 sheet1 和 sheet2 单元格

（7）用鼠标选中 D3 单元格，把光标放在填充柄上，按住鼠标左键往下拖，就可通过公式复制，计算出其他产品的数量总计。

任务 5-23：单元格绝对引用。

在 Excel 中，在编辑公式进行计算时，对单元格的引用分成两种：相对引用和绝对引用。例如，在"=D3/D14"公式中，对 D3 单元格就是相对引用，对 D14 单元格就是绝对引用。

操作步骤如下。

（1）如图 5-41 所示，将光标定位在 E3 单元格内，输入"="。

图 5-41　绝对引用源数据

（2）用鼠标单击 D3 单元格。

（3）从键盘输入"/"。

（4）用鼠标单击 D14 单元格（所有产品数量总和），按"F4"功能键，如图 5-42 所示。

图 5-42 单元格绝对引用

（5）单击编辑栏上的✔按钮，即可在 E3 单元格内算出海尔电冰箱产品数量占总数量的 份额。

（6）用鼠标选中 E3 单元格，把光标放在填充柄上，按住鼠标左键往下拖，就可通过公式复制，计算出其他产品的数量份额。

5.2.5 图表的制作

任务 5-24：用 **B** 列和 **E** 列数据做一个柱形图。

Excel 提供了"图表向导"，帮助用户建立图表。"图表向导"分为 4 步，第 1 步选图表类型，第 2 步选数据源，第 3 步对图表选项进行一些选择，第 4 步确定图表的位置。

操作步骤如下。

（1）准备如图 5-43 所示的数据。

（2）单击菜单"插入"→"图表"命令，打开"图表向导—4 步骤之 1—图表类型"对话框，如图 5-44 所示。

在"图表类型"列表框中选择"柱形图"，然后从"子图表类型"中选择合适的子类型。

（3）单击"下一步"按钮，打开"图表向导—4 步骤之 2—图表源数据"对话框，如图 5-45 所示。

将光标定位在"数据区域"文本框内，删除其中的数据。

（4）先用鼠标选中 B2:B12 区域的单元格，然后按住 Ctrl 键不放，再去选择 E2:E12 单元格区域。这样，B2:B12 区域和 E2:E12 区域就同时被选中，如图 5-46 所示。

（5）单击"下一步"按钮，打开"图表向导—4 步骤之 3—图表选项"对话框。

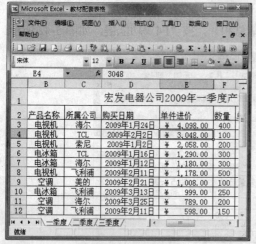

图 5-43　柱形图源数据

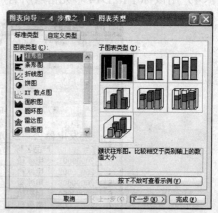

图 5-44　图表向导—4 步骤之 1—图表类型

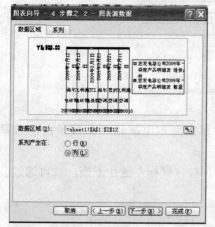

图 5-45　图表向导—4 步骤之 2—图表源数据

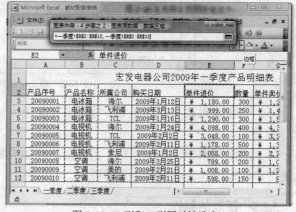

图 5-46　B 列和 E 列同时被选中

（6）在"图表标题"文本框内输入"一季度各产品进价"，如图 5-47 所示。

（7）单击"下一步"按钮，打开"图表向导—4 步骤之 4—图表位置"对话框，如图 5-48 所示。

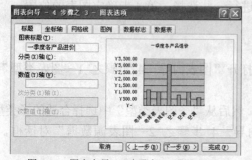

图 5-47　图表向导—4 步骤之 3—图表选项

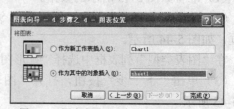

图 5-48　图表向导—4 步骤之 4—图表位置

　　选择第 2 个单选钮，单击"完成"按钮。此时会在数据区下方出现一个柱形图，如图 5-49 所示。

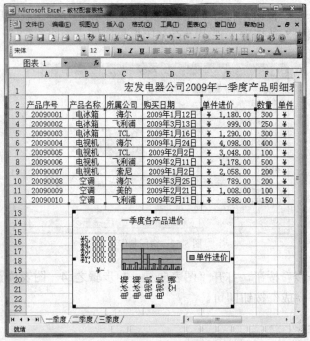

图 5-49 柱形图

试一试：利用这两列做一个折线图。

任务 5-25：做一个饼图。

饼图可以直观地表示各个个体占总体的份额比例。

操作步骤如下。

（1）如图 5-50 所示，单击菜单"插入"→"图表"命令，打开"图表向导—4 步骤之 1 —图表类型"对话框，如图 5-44 所示，选择"饼图"。

（2）单击"下一步"按钮，打开"图表向导—4 步骤之 2—图表源数据"对话框。删除"数据区域"右侧文本框中的数据，在数据区域中同时选中 C2:C12 和 D2:D12 两列数据，如图 5-51 所示。

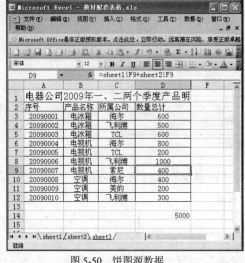

图 5-50 饼图源数据

图 5-51 饼图制作 1

（3）单击"下一步"按钮，打开"图表向导—4 步骤之 3—图表选项"对话框。在此对话框中单击"数据标志"选项卡，选中"百分比"复选框，如图 5-52 所示。

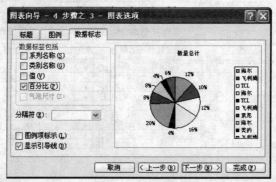

图 5-52　饼图制作 2

（4）单击"下一步"按钮，打开"图表向导—4 步骤之 4—图表位置"对话框，选择图表的位置后，单击"完成"按钮即可。

5.2.6　数据的排序

任务 5-26：对数据清单按列排序。

什么是数据清单？Excel 把按如图 5-53 所示排列的数据区域称做数据清单。

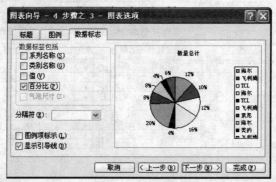

图 5-53　数据清单

数据清单的第一行由字段名构成，如"序号"、"产品名称"、"所属公司"、"数量总计"；从第 2 行开始，每一行都是一条记录。

操作步骤如下。

（1）把光标放在数据清单内。

（2）选择"数据"→"排序"命令，打开"排序"对话框，如图 5-54 所示。

（3）在"主要关键字"列表框中选择字段名"数量总计"，并选择右侧的"降序"，单击"确定"按钮。

此时数据清单就会按照"数量总计"这一列数据的大小对记录重新排序。

任务 5-27：将数据清单转置。

操作步骤如下。

（1）选中数据清单数据，单击工具栏上的"复制"按钮。

（2）把光标定位在一个空白单元格 A16 内。

（3）选择"编辑"→"选择性粘贴"命令，在打开的对话框中选择"数值"单选钮和"转置"复选框，如图 5-56 所示。

图 5-54　"排序"对话框

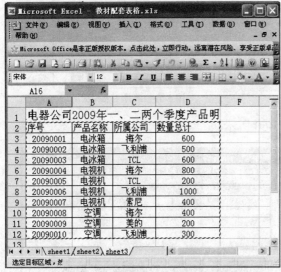

图 5-55　选中数据清单中的数据，并复制

图 5-56　选择性粘贴

（4）单击"确定"按钮，即可见到如图 5-57 所示的数据清单。

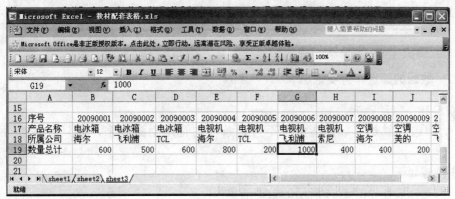

图 5-57　转置后的数据

任务 5-28：按行排序。

操作步骤如下。

（1）在如图 5-57 所示的数据清单中，选中 B16:K19 区域。（即第 1 列不选）

（2）选择"数据"→"排序"命令，在打开的"排序"对话框中，单击"选项"按钮。

（3）在打开的"排序选项"对话框中，选择"按行排序"，如图 5-58 所示。单击"确定"按钮，关闭对话框。

（4）在"排序"对话框中选择"主要关键字"为"行 19"，即按"数量总计"来排序，如图 5-59 所示。

图 5-58　按行排序

图 5-59　选择主要关键字

（5）单击"确定"按钮，结果如图 5-60 所示。

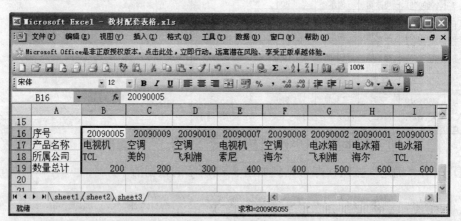

图 5-60　按行排序

5.2.7　数据的筛选和分类汇总

任务 5-29：自动筛选。

"自动筛选"就是将数据清单中不符合条件的记录隐藏起来，而只显示符合条件的记录。

操作步骤如下。

（1）把光标放在如图 5-61 所示的数据清单内。

（2）选择"数据"→"筛选"→"自动筛选"命令。

（3）在数据清单的每个字段名旁都多了一个按钮。

（4）用鼠标单击字段名"进价/件"旁的，会拉开一个菜单，如图 5-62 所示。

（5）从中选择"自定义"，会打开"自定义自动筛选方式"对话框，在此对话框中进行如图 5-63 所示的设置。

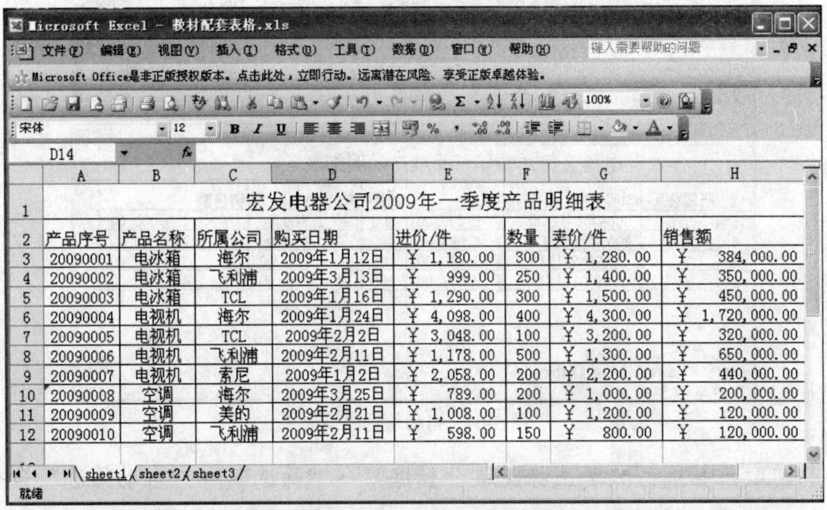

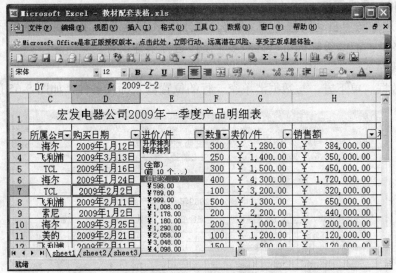

图 5-61　自动筛选源数据

图 5-62　自动筛选设置

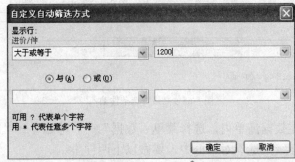

图 5-63　自定义自动筛选方式

（6）单击"确定"按钮，自动筛选的结果如图5-64所示。

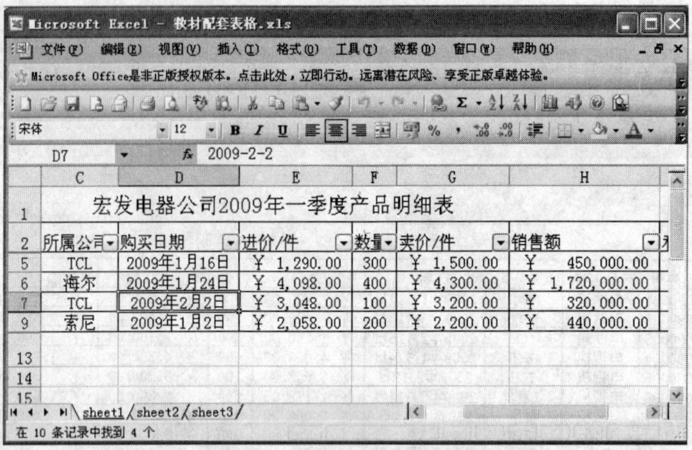

图5-64　自动筛选的结果

提示： 如想取消筛选，只要选择菜单"数据"→"筛选"→"自动筛选"命令，把"自动筛选"左侧的勾号去掉即可。

任务 5-30： 高级筛选。

"高级筛选"与"自动筛选"同为筛选，它们的不同之处在于：自动筛选只能针对一个字段来设置条件；而高级筛选可以针对多个字段进行条件设置。

操作步骤如下。

（1）在数据清单下方，与数据清单空一行的位置输入筛选条件，如图5-65所示。

图5-65　高级筛选条件输入

（2）把光标定位在数据清单内，选择菜单"数据"→"筛选"→"高级筛选"命令。

（3）在出现的"高级筛选"对话框中，要做以下两件事。

- 将光标定位在"列表区域"文本框内，用鼠标在数据清单中选择要进行筛选的数据区域。

● 将光标定位在"条件区域"文本框内，用鼠标选择筛选条件所在的单元格区域，如图 5-66 所示。

（4）单击"确定"按钮，高级筛选的结果如图 5-67 所示。

图 5-66　"高级筛选"对话框

图 5-67　高级筛选的结果

提示：本任务中所设置的条件之间是"与"的关系。

任务 5-31：分类汇总。

操作步骤如下。

（1）打开如图 5-60 所示的数据清单。

（2）按字段名"所属公司"进行排序。

（3）选择菜单"数据"→"分类汇总"命令。

（4）在打开的"分类汇总"对话框中，"分类字段"选择"所属公司"；"汇总方式"选择"求和"；"选定汇总项"选择"销售额"和"利润"两个字段，如图 5-68 所示。

（5）单击"确定"按钮，结果如图 5-69 所示。

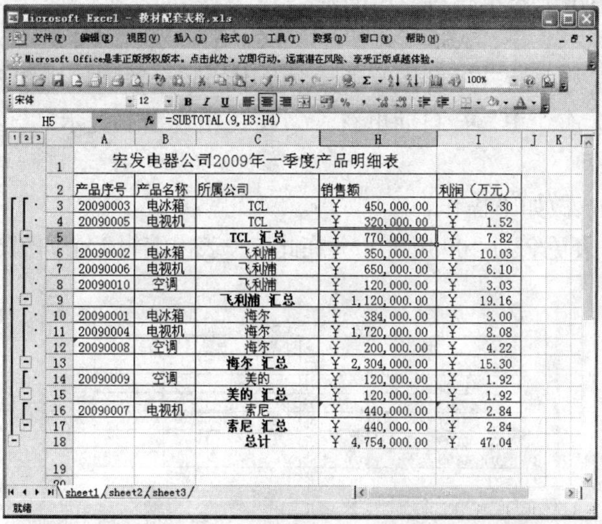

图 5-68　"分类汇总"对话框

图 5-69　分类汇总结果

提示：分类汇总前必须要排序，而且，排序和分类汇总的字段名必须是一样的，即按什么分类汇总就按什么排序。

5.3 课后练习

一、选择题

1．默认的工作簿文件名是________。

A．Excel1.exl　B．Book1.xls　C．XL1.doc　D．文档 1.doc

2．当单元格字符串长度超过单元格长度时，而其右侧单元格为空，则字符串的超出部分将________。

A．被截断删除　B．作为另一个字符串存入右则单元格中

C．显示#####　D．继续超格显示

3．在单元格中输入文字时，默认的水平对齐方式是________对齐。

A．左　B．右　C．居中　D．常规

4．选择多个不相邻的单元格的方法是：按________键与单击鼠标配合使用。

A．Shift　B．Ctrl　C．Alt　D．Esc

5．要一次性选取多个连续单元格，应将按________键与单击鼠标相配合。

A．Shift　B．Ctrl　C．Alt　D．Esc

6．活动单元格的地址显示在________内。

A．工具栏　B．状态栏　C．编辑栏　D．菜单栏

7．要移向当前行的 A 列，应按________键。

A．Ctrl+Home　B．Home　C．Alt+Home　D．PgUp

8．现要向 C6 单元格输入分数“2/5”并显示为“2/5”，正确输入方法为________。

A．2/5　B．5/2　C．02/5　D．0.4

9．下面单元格引用中表示相对引用的是________。

A．A5　B．A$5　C．$A5　D．A5

10．Excel 图表是动态的，如果修改了数据源中的某一数据，则图表________。

A．没有变化　B．会自动更新　C．出现错误提示

二、操作题

新建一个工作簿，做如下操作。

1．将 sheet1 工作表更名为“09 电 1”，并在此工作表内编辑一个如图 5-70 所示的数据清单。

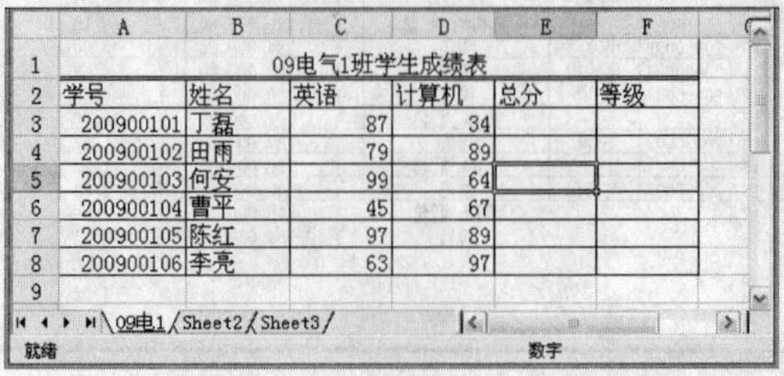

	A	B	C	D	E	F
1	09电气1班学生成绩表					
2	学号	姓名	英语	计算机	总分	等级
3	200900101	丁磊	87	34		
4	200900102	田雨	79	89		
5	200900103	何安	99	64		
6	200900104	曹平	45	67		
7	200900105	陈红	97	89		
8	200900106	李亮	63	97		
9						

图 5-70　题 1 图

2. 将 A2:F8 区域数据设为水平居中，A3:A8 区域数据设为文本型数据。

3. 将 C3:D8 区域数据中<60 的分数用红色斜体格式显示。

4. 分别用 SUM 函数、IF 函数计算各学生总分和等级。

5. 在 C9 单元格内用 COUNTIF 函数计算英语成绩大于等于 60 的学生人数。

6. 在姓名和英语两个字段名中间插入一列，字段名命名为"性别"，为各学生输入性别。

7. 在 C10 单元格内用 SUMIF 函数计算男生英语成绩总分。

8. 通过筛选只显示性别为"男"的学生信息。

9. 按总分由小到大，对数据清单进行排序。

10. 用折线图表示 09 电气 1 班的英语成绩和计算机成绩。

第6章

使用演示文稿制作软件
PowerPoint 2003

用计算机制作、放映演示文稿，是目前各行业、企业、机构办公的基本要求。PowerPoint 2003 是 Office 2003 办公自动化软件的组件之一，本章将通过典型实例，使读者掌握演示文稿的制作、编辑、放映等基本操作技能。

6.1 PowerPoint 2003 概述

PowerPoint 2003 是目前最常用的演示文稿制作软件，使用它能够制作出集文字、图形、图像、声音以及视频剪辑等多媒体元素于一体的演示文稿，通过图文并茂、生动易懂的方式介绍公司的产品，展示自己的学术成果，制作课件进行多媒体教学。用户不仅能够在投影仪，或者计算机上进行演示，也可以将演示文稿打印出来，制作成胶片，以便应用到更广泛的领域中。

PowerPoint 2003 的主要功能包括以下几个方面。

（1）演示文稿管理。可同时打开多个演示文稿，并可对这些文稿进行编辑、修改、删除、保存等各种操作。

（2）编辑制作。PowerPoint 提供了功能很强的文字及图形的编辑能力。在进行文字编辑时，用户可任意执行插、删、改等操作，操作方法既简单又方便，与 Windows 通用的操作方法完全相同。在图形及图像的编辑创作方面，用户可以使用 PowerPoint 提供的大量模板及剪贴画等图像，在其基础上，通过改变其大小及形状，或者填加其他的文字或图形，即可达到非常好的视觉效果，增加演示文稿的感染力。用户还可以利用各种类型的图表，使观众更直观深入地了解演示内容。

（3）多媒体元素。为了使演示文稿更加生动，用户还可添加各种多媒体元素丰富演示文稿的内容。声音、动画效果、图片、影片都可灵活自如地加入到演示文稿中。

（4）支持 Web 元素。此功能可创建高度交互式的多媒体演示文稿，通过创建某些按钮，在幻灯片放映时单击它们，即可以跳转到特定的幻灯片，运行另一嵌入的演示文稿，或激活另一个程序。也可加入超级链接，用类似 Web 网页的方式，通过单击文字跳转到相应幻灯片，或直接打开某个页面。

（5）放映演示文稿。PowerPoint 提供了多种放映方式供用户选择，用户可以按照设置的方式进行自动放映，也可以预先排练，让 PowerPoint 记录排练的过程，然后按照排练时的动作放映幻灯片。

6.1.1　PowerPoint 2003 的启动与退出

1．启动

PowerPoint 的启动方式主要有以下几种。

方法一：单击桌面上的"开始"按钮，选择"程序"子菜单，单击"PowerPoint 2003"选项，如图 6-1 所示。

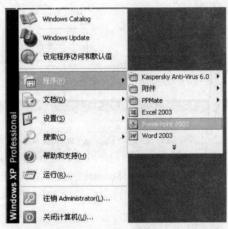

图 6-1　PowerPoint 的启动

方法二：双击桌面上的"PowerPoint"快捷方式。

方法三：单击"开始"按钮，选择"运行"选项，如图 6-2 所示在弹出的"运行"对话框中键入"powerpnt"，如图 6-3 所示。

图 6-2　选择"运行"选项

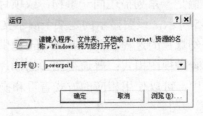

图 6-3　在运行对话框中键入"powerpnt"

当用户启动 PowerPoint 2003 后，将会看到如图 6-4 所示的界面。

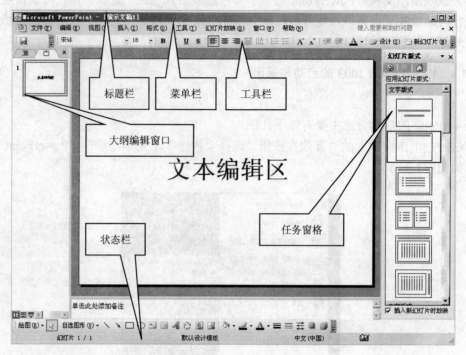

图 6-4　PowerPoint 界面

2．退出

方法一：选择"文件"→"退出"命令。

方法二：单击窗口标题栏右侧的"关闭"按钮。

方法三：鼠标右键单击任务栏上的演示文稿图标，选择关闭。

6.1.2　PowerPoint 2003 的工作环境

如图 6-4 所示，PowerPoint 窗口包括标题栏、菜单栏、工具栏、状态栏、任务窗格、文本编辑区和大纲编辑窗口。

其中，前 6 项的功能都和 Word 2003 基本相同，大纲编辑窗口的作用是显示整个演示文稿每个幻灯片的缩略图，方便用户进行编辑。

类似于 Excel 中工作簿与工作表的关系，在 PowerPoint 2003 中，演示文稿与幻灯片是两个不同的概念，既有区别又有联系。

演示文稿是一系列描述同一事物，或项目的幻灯片合集，而幻灯片是演示文稿的一个子集。如图 6-5 所示，该图显示的是某个演示文稿，而此演示文稿包含了 6 张幻灯片。

在制作幻灯片的过程中，PowerPoint 提供了不同的工作环境，称为视图。在 PowerPoint 中，一共有 4 种视图模式：普通视图、幻灯片浏览视图、幻灯片放映视图和备注页视图。在不同的视图中，可以使用相应的方式查看和操作演示文稿。

1．普通视图

新建一个演示文稿，单击窗口左下角的视图切换按钮"▣▦☲"中的"普通视图"按钮，看到的就是普通视图窗口。在普通视图下，又分为"大纲"和"幻灯片"两种视图模式。

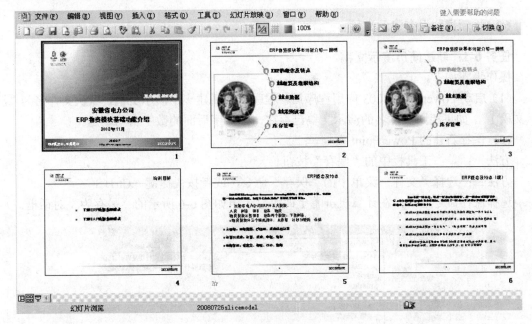

图 6-5　演示文稿

当用户单击"大纲"时，在大纲编辑窗口中将会显示演示文稿中所有幻灯片的内容大纲；当用户单击"幻灯片"时，在大纲编辑窗口显示的是所有演示文稿的缩略图。

2．幻灯片浏览视图

在演示文稿窗口中，单击视图切换按钮中的"幻灯片浏览视图"按钮，可切换到幻灯片浏览视图窗口，如图 6-5 所示，在这种视图方式下，可以从整体上浏览所有幻灯片的效果，并可进行幻灯片的复制、移动、删除等操作。但此种视图中，不能直接编辑和修改幻灯片的内容，如果要修改幻灯片的内容，则可双击某个幻灯片，切换到幻灯片编辑窗口后进行编辑。

3．幻灯片放映视图

在演示文稿窗口中，单击视图切换按钮中的"幻灯片放映"按钮，切换到幻灯片放映视图窗口，在此窗口下，可观看演示文稿的播放效果。

4．备注页视图

在演示文稿窗口中，单击视图切换按钮中的"备注页视图"按钮，切换到备注页视图窗口，备注页视图是系统提供的，用来编辑备注页的视图，备注页分为两个部分：上半部分是幻灯片的缩小图像，下半部分是文本预留区。可以一边观看幻灯片的缩略图，一边在文本预留区内输入幻灯片的备注内容，在放映幻灯片时可设置双显示输出，这样演讲者就可看到备注内容，观众只能看到幻灯片，而看不到备注内容。

6.2　简历演示文稿的设计与制作

在前面的实例中，小强已经用 Word 2003 制作了简历，为了更形象直观地进行演示，在本节中，小强将用 PowerPoint 制作一份简历演示文稿。

6.2.1 新建和保存演示文稿

任务 6-1：新建简历演示文稿。

操作步骤如下。

（1）启动 PowerPoint 2003 应用程序后，程序自动新建一个演示文稿，默认文件名为"演示文稿 1"，如果相同文件名的演示文稿已存在，则名字后面的数字自动顺延。

（2）保存新建的 PowerPoint 文档。

方法一：单击工具栏中的"保存"按钮。

方法二：选择"文件"菜单中的"保存"命令，或者按快捷键"Ctrl+S"。

选择保存命令之后，在计算机屏幕上即可显示出如图 6-6 所示的"另存为"对话框。

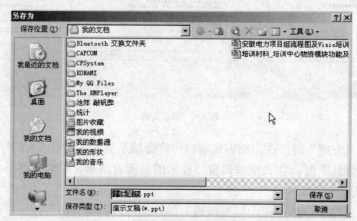

图 6-6　保存文稿

在设置完保存路径之后，在文件名栏，填写演示文稿的文件名，注意要保留后缀"ppt"。

演示文稿的后缀默认是"ppt"，如果想把演示文稿保存为模板，可以设成"pot"，保存为放映模式的，可设置为"pps"。

保存完毕后，进入演示文稿的制作。

6.2.2 编辑演示文稿

任务 6-2：编辑简历演示文稿。

操作步骤如下。

（1）演示文稿模板的设置。在制作演示文稿的时候，首先要确定演示文稿统一的格式和风格，PowerPoint 2003 提供了许多设计模板，用户可以选择相应的模板来达到目的。

单击任务窗格上方的下拉菜单，选择"幻灯片设计"，如图 6-7 所示。

然后在"应用设计模板"选项框中挑选符合要求的模板，如图 6-8 所示。

用户还可以通过单击任务窗格下方的"浏览"选项，如图 6-9 所示，在弹出的对话框中选择自己下载或制作的模板，如图 6-10 所示。

（2）演示文稿版式的设置及文字的输入。设置好演示文稿的模板之后，即可开始幻灯片的编辑，首先要确定该幻灯片的版式。"版式"指的是幻灯片内容在幻灯片上的排列方式，用户通过选择相应的版式，将文字、图片、表格等元素组合排列起来。

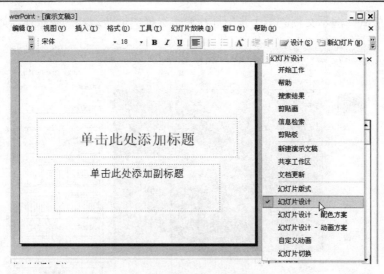

图 6-7　选择"幻灯片设计"

图 6-8　选择设计模板

图 6-9　"浏览"选项

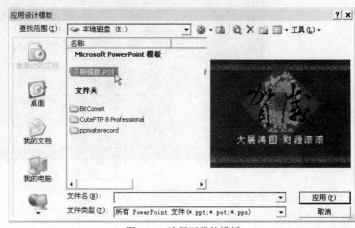

图 6-10　选择下载的模板

单击任务窗格上方下拉菜单中的"幻灯片版式",然后在"应用幻灯片版式"选项框中选择符合要求的版式，演示文稿的第 1 张幻灯片通常选择"标题幻灯片"版式，如图 6-11 所示。

图 6-11　选择版式

如图 6-11 所示，在文本编辑区出现了两个标题框，用户可以在这两个标题框中填写演示文稿的主、副标题，如图 6-12 所示，在标题框中会出现提示性的占位符（如"单击此处添加标题"），单击占位符后会出现闪烁的光标，这时就可以输入文字了，文本字体、字号的设置及插入、复制、删除等操作和 Word 是一致的。

图 6-12　填写主、副标题

（3）编辑演示文稿的第 2 张幻灯片。单击"插入"菜单，选择"新幻灯片"选项，可以插入第 2 张幻灯片，开始编辑，如图 6-13 所示。

可以注意到，在左侧的"大纲编辑窗口"出现了第 2 张幻灯片的缩略图，而在正中的编辑窗口，用户可以进行幻灯片 2 的正文编辑。

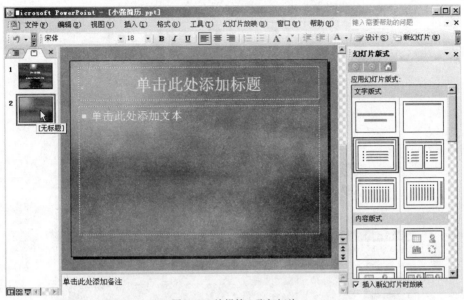

图 6-13　编辑第 2 张幻灯片

第 2 张幻灯片的版式设置为"标题和正文",在标题栏输入标题文字"教育及培训经历",在文本框中输入如图 6-14 所示的文字。

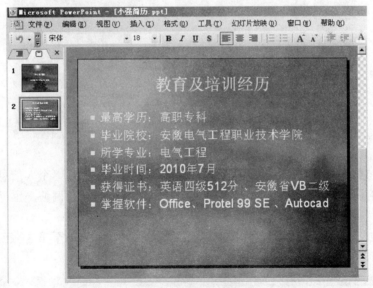

图 6-14　输入文字

正文文字左侧的正方形符号是项目编号,当用户输入文字时自动出现,每行都有一个。如果想更改项目编号,可以选择"格式"菜单的"项目符号和编号"选项进行设置,如图 6-15 所示,可选择各种图形的项目编号。

(4)演示文稿其余幻灯片的编辑。我们可以按照上述的方法,添加第 3 张"个人信息"和第 4 张"个人总结"幻灯片,如图 6-16 所示。

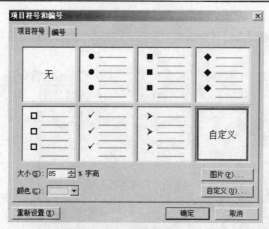

图 6-15　设置项目符号

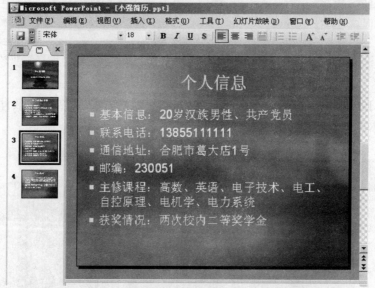

图 6-16　添加其余幻灯片

（5）移动与删除幻灯片。编辑完毕后，如果想将第 3 张幻灯片"个人信息"与第 2 张幻灯片"教育及培训经历"位置互换，可进入到幻灯片浏览模式进行调整，也可直接在左侧的"大纲编辑窗口"调整。

调整方法如图 6-17 所示，用鼠标拖曳第 2 张幻灯片，将其移动至第 3 张幻灯片后松开鼠标即可。

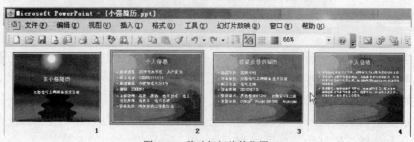

图 6-17　移动幻灯片的位置

如想删除幻灯片，单击选中想要删除的幻灯片，按键盘上的"Delete"键即可删除。

6.2.3　制作演示文稿的动画效果

在进行完幻灯片的编辑后，还可以加入一些剪贴画、照片和动画效果，以丰富演示文稿的内容。

任务 6-3：为演示文稿添加剪贴画和动画效果。

操作步骤如下。

（1）插入剪贴画或者照片。单击"插入"菜单，在"图片"子菜单中选择"剪贴画"，来插入 Office 自带的图片，也可以选择"来自文件"，插入自己下载或制作的图片和照片，如图 6-18 所示。

选择插入剪贴画之后，会出现"剪贴画"任务窗格。在任务窗格的"搜索文字"文本框中，可输入剪贴画的类型，如"商业"、"自然"、"人物"等，然后在"搜索范围"及"结果类型"中确定要搜索的范围和图片类型，单击"搜索"后，将找到符合搜索要求的图片。

在任务窗格中找到图片之后，单击要插入的图片，可将剪贴画插入到幻灯片中，然后用鼠标拖动图片到合适的位置，如图 6-19 所示。

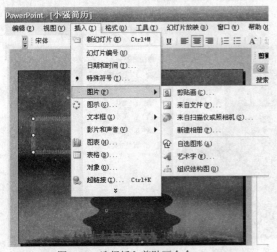

图 6-18　选择插入剪贴画命令

图 6-19　将剪贴画插入到幻灯片

（2）演示文稿的自定义动画设置。我们对如图 6-19 所示的幻灯片加入动画设置，使得主副标题和剪贴画在放映演示文稿时按顺序以不同的动画效果出现。

执行"幻灯片放映"→"自定义动画"命令，或者单击任务窗格的下拉菜单，选择"自定义动画"，展开"自定义动画片"窗格，如图 6-20 所示。

选中需要设置动画的对象（如主标题），单击"添加效果"下拉菜单，在其中选择所需的动画效果，如图 6-21 所示，如果对列表中的效果不满意，可以选择"其他效果"，在弹出的"其他效果"列表中选择合适的动画，然后在"自动预览"方框中打勾，就可以在文本编辑区，预览动画播放的效果了。

在设置完主标题的动画效果后，再对副标题和剪贴画进行动画设置。

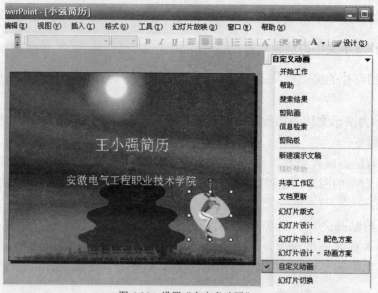

图 6-20　设置"自定义动画"

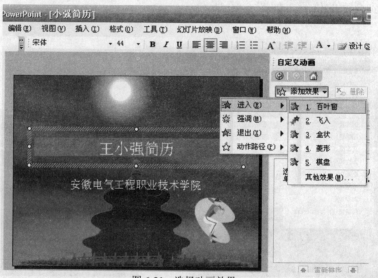

图 6-21　选择动画效果

　　如果想对动画播放的时间和效果做进一步设置，可用鼠标选中任务窗格中的动画列表，右击鼠标，在弹出的菜单中设置效果、时间，或删除该动画。

　　设置完动画后，在设置对象的左上角会出现一个数字，该数字表示该动画在本幻灯片中的出场排序，当用户为同一张幻灯片中的几个对象添加动画效果后，可以在任务窗格中选中要改变顺序的对象，单击"重新排序"两边的上、下箭头编辑出场顺序，如图 6-22 所示。

　　（3）演示文稿的动画方案。用定义动画的方式，可以对幻灯片中的每一个元素进行动画设置，能做出丰富多彩的效果。但有的时候，一篇演示文稿包含了很多需要设置的动画效果，如果分别设置，会花费很多时间，PowerPoint 2003 还提供了动画方案的设置供用户选择。

图 6-22　调整动画顺序

选择"幻灯片放映"菜单中的"动画方案",或者在任务窗格中选择"动画方案",用户可以看到在任务窗格中出现 PowerPoint 2003 提供的动画方案,当用户指向某一方案时,会出现注释,说明方案的具体设置情况,选择合适的方案,在"自动预览"的小方框中打勾,就可以观看设置效果了,如图 6-23 所示。

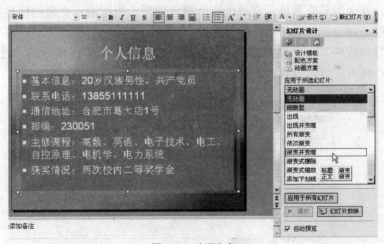

图 6-23　动画方案

用户可以将动画方案应用于所选幻灯片,也可以选择"应用于所有幻灯片",将动画方案应用于整个演示文稿。

6.2.4　制作演示文稿的放映效果

在完成演示文稿的编辑之后,就应该为演示文稿的放映做准备了。

任务 6-4:设置演示文稿的放映方式。

操作步骤如下。

(1)幻灯片的切换。在播放时,首先我们可以设置幻灯片进入屏幕的方式,即切换效果。选择"幻灯片放映"→"幻灯片切换"命令,或者单击任务窗格的下拉菜单,选择"幻灯片切换"，如图 6-24 所示，在任务窗格中，可以设置幻灯片切换和动画效果、速度、声音及换片方式。预览效果满意后，切换效果将应用于所选幻灯片，我们还可以选择"应用于所有幻灯片"，将切换效果应用于整个演示文稿。

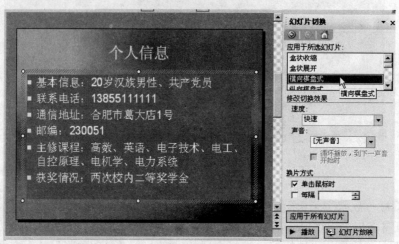

图 6-24　幻灯片切换

（2）演示文稿的放映。制作演示文稿的目的是为了播放，可以直接在 PowerPoint 2003 下播放幻灯片，并全屏幕查看演示文稿的实际播放效果。根据演示文稿的性质不同，放映方式的设置也可以不同。

选择"幻灯片放映"→"设置放映方式"命令，弹出如图 6-25 所示的"设置放映方式"对话框。在对话框中，可以设置放映类型、放映范围、换片方式等。

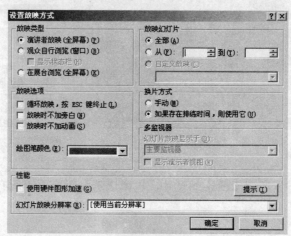

图 6-25　"设置放映方式"对话框

在放映类型选项中，有 3 种不同的放映方式。

- 演讲者放映（全屏幕）：这是默认的放映方式，是由演讲者控制放映的，可采用自动或人工方式放映，并且可全屏幕放映。在这种放映方式下，可以暂停演示文稿的播放，可在放映过程中录制旁白，还可投影到大屏幕放映。此时，"显示状态栏"复选框不可用。
- 观众自行浏览（窗口）：是在小窗口中放映演示文稿，并提供一些对幻灯片的操作命令，如移动、复制、编辑和打印幻灯片，还显示了"Web"工具栏。此种方式下，不能使用鼠标翻页，可以使用键盘上的翻页键。此时，复选框"显示状态栏"被选中。

- 在展台浏览（全屏幕）：此方式可以自动运行演示文稿，并全屏幕放映幻灯片。一般在展示产品时使用这种方式，但需事先为各幻灯片设置自动进片定时，并选择换片方式下的"如果存在排练时间，则使用它"复选框。自动放映过程结束后，会再重新开始放映。

本例中选择"演讲者放映（全屏幕）"。

放映范围的设置有以下 3 种。

- 全部：从第 1 张幻灯片一直播放到最后一张幻灯片。
- 从……到……：从某个编号的幻灯片开始放映，一直放映到另一个编号的幻灯片结束。
- 自定义放映：可在"自定义放映"扩展框中选择要播放的自定义放映。在对话框中设置播放范围后，幻灯片放映时，会按照设定的范围播放。

本例中选择"全部"。

放映选项设置有以下 4 种。

- 循环放映，按"Esc"键终止：选择此复选框，放映完最后一张幻灯片后，将会再次从第一张幻灯片开始放映，若要终止放映，则按"Esc"键。
- 放映时不加旁白：选择此复选框，放映幻灯片时，将不播放幻灯片的旁白，但并不删除旁白。不选择此复选框，在放映幻灯片时将同时播放旁白。
- 放映时不加动画：选择此复选框，放映幻灯片时，将不播放幻灯片上的对象所加的动画效果，但动画效果并没删除。不选择此复选框，则在放映幻灯片时将同时播放动画。
- 绘图笔颜色：选择合适的绘图笔颜色，可在放映幻灯片时在幻灯片上书写文字。

本例中选择"循环放映"。

换片方式设置有以下两种。

- 手动：选择该单选项，可通过键盘按键或鼠标单击换片。
- 如果存在排练时间，则使用它：若给各幻灯片加了自动进片定时，则选择该单选项。

本例中选择"如果存在排练时间，则使用它"。

选择"幻灯片放映"→"排练计时"命令，进入演示文稿的放映视图，在放映窗口的左上角显示"预演"对话框，如图 6-26 所示，从第 1 张幻灯片开始计时。完成该幻灯片的演讲计时后，单击鼠标左键，或按"预演"对话框中的"下一步"按钮，继续设置下一张幻灯片的停留时间。

设置完最后一张幻灯片的放映时间后，屏幕上会出现一个提示框，如图 6-27 所示，它显示了幻灯片放映所需要的总时间，并询问是否使用该录制时间来放映幻灯片。单击"是"按钮，完成排练计时。

图 6-26　排练计时"预演"对话框

图 6-27　计时提示框

单击"幻灯片放映"按钮，演示文稿会采用排练中设置的时间放映幻灯片。

6.3 设计报告演示文稿的设计与制作

PowerPoint 2003 广泛应用于课件和企业公司设计报告的制作。小强在进入公司之后，需要制作一份设计报告演示文稿，下面是制作设计的过程。

6.3.1 设置幻灯片外观

任务 6-5：设计报告演示文稿。

操作步骤如下。

（1）建立新演示文稿，步骤如 6.2 节所述。如图 6-28 所示，演示文稿的设计模板可引用自己制作或下载的模板。

图 6-28 演示文稿封面设计

可以给演示文稿的封面中加上企业 Logo 和该设计报告的主要理念，以丰富封面内容。

按照 6.2 节所述方法，插入 Logo 图案，再选择"插入"→"文本框"→"水平"命令，在幻灯片封面中插入一个文本框，并将文本框移动到封面的合适位置，在文本框中输入设计理念，如图 6-29 所示。

接下来，给文本框设置背景填充效果，以突出文字。

如图 6-30 所示，选中文本框后，单击鼠标右键，在弹出的菜单中选择"设置文本框格式"（如没有该选项，可选择"设置占位符格式"）。

如图 6-31 所示，继续选择"颜色"下拉菜单中的"填充效果"选项。在弹出的"填充效果"对话框中单击"颜色"选项中的"预设"单选项，选择需要预设的颜色即可，如图 6-32所示。

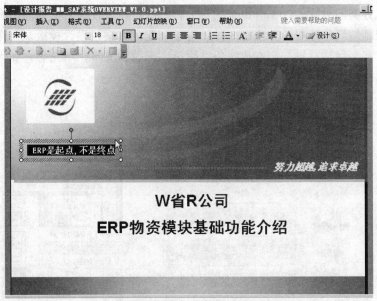

图 6-29　加入 Logo 和理念

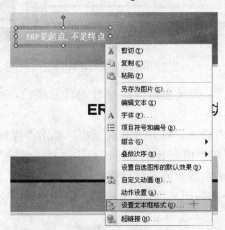

图 6-30　设置文本框填充效果

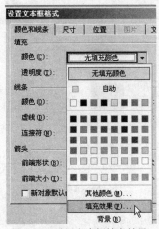

图 6-31　设置文本框填充效果

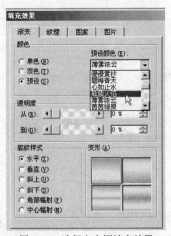

图 6-32　选择文本框填充效果

（2）配色方案的设置。PowerPoint 的一大特色就是可以使演示文稿的所有幻灯片具有一致的外观，控制幻灯片外观的方法有 3 种：母版、配色方案、设计模板。每个幻灯片模板都有一套配色方案，包括背景、文本和线条、阴影、标题和文本、填充等。如果对设计模板的配色方案不满意，用户可以更改，如图 6-33 所示。

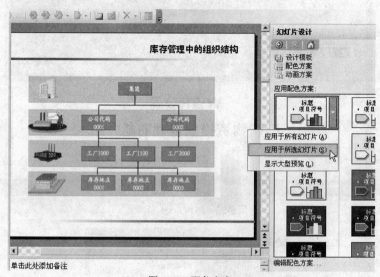

图 6-33　配色方案

（3）为幻灯片设置背景。如果想修改幻灯片的背景颜色，可以进行设置，设置的方法如下。

选择"格式"→"背景"命令，打开背景对话框，单击"背景填充"下拉菜单，选择"填充效果"，如图 6-34 所示。在"填充效果"对话框中选择"纹理"选项卡，如图 6-35 所示，选择"白色大理石"，然后单击确定回到"背景"对话框，选择"应用"，将纹理效果应用到当前幻灯片。如果选择"全部应用"，则整个演示文稿的背景都会变成"白色大理石"。

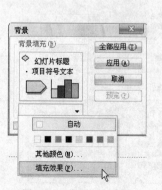

图 6-34　"背景"对话框

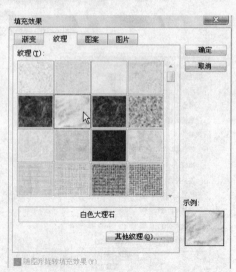

图 6-35　设置纹理效果

（4）利用母版给幻灯片加入统一的图片和信息。演示文稿的文字和图片都编辑好之后，整个演示文稿可能包含很多张幻灯片，如果我们想让每一张幻灯片都显示企业 Logo 和页码，按照常规的插入、粘贴方法将会非常烦琐。PowerPoint 2003 提供了母版功能，可以让用户方便地进行设置。"母版"是一种特殊的幻灯片，它包含了幻灯片文本和页脚（如日期、时间和幻灯片编号）等占位符，这些占位符控制了幻灯片的字体、字号、颜色（包括背景色）、阴影和项目符号样式等版式要素。

选择"视图"→"母版"→"幻灯片母版"命令，可进入幻灯片母版视图，如图 6-36 所示。

图 6-36 设置母版

将企业 Logo 的图片插入到母版中，调整位置到左上角，如图 6-37 所示。

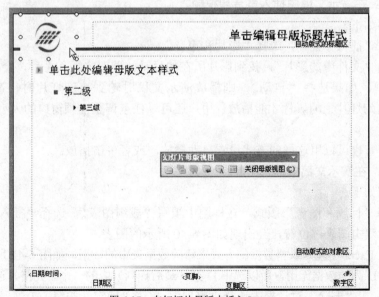

图 6-37 在幻灯片母版中插入 Logo

单击母版工具箱的"关闭母版视图"按钮，完成设置。这样，演示文稿的每一张幻灯片都会有这个图案。

接下来为幻灯片添加页码，选择"插入"菜单的"日期和时间"选项，在弹出的"页眉和页脚"对话框中，勾选"幻灯片编号"选项可插入页码，勾选"日期和时间"选项可插入时间，如图 6-38 所示。选择完毕，单击"全部应用"按钮。这样，整个演示文稿就都有页码和时间了。

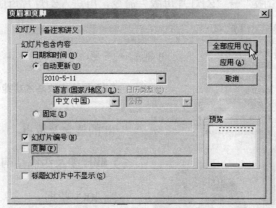

图 6-38　日期和编号设置

页码和时间在幻灯片中的显示位置由母版决定，如果按图 6-37 所示的母版设置，页码会显示在所有幻灯片的右下角，时间会显示在左下角。

6.3.2　插入多媒体对象

除了可以在演示文稿中加入图片、动画效果，还能够将视频、声音文件整合到演示文稿中。

任务 6-6：在演示文稿中插入声音和视频。

操作步骤如下。

（1）单击"插入"菜单，选择"影片和声音"。

（2）单击"文件中的影片"，找到影片所在的目录，并双击插入之后，会出现如图 6-39 所示的对话框。如果选择"自动"，则播放演示文稿时轮到该幻灯片时，影片自动播放；否则，需单击幻灯片上的影片才能播放。用户还可以任意调整视频窗口的大小和窗口在幻灯片中的位置。

同样，声音也可以用这样的方式设置自动播放，或者单击播放。

任务 6-7：在演示文稿中插入图表。

操作步骤如下。

（1）选择"标题和图表"版式，在标题中填写"成绩图表"，选择"插入"菜单，单击"图表"，或者双击图表占位符，会出现如图 6-40 所示的图表。

（2）用在 Excel 中输入表格数据的方式来修改数据表中的数据，如图 6-41 所示。数据输入完毕后，因为 D 列的数据无用，所以选中 D 列（最后一列）中的一个单元格，选择"编辑"→"删除"命令，在"删除"对话框中选择"整列"，单击"确定"按钮。

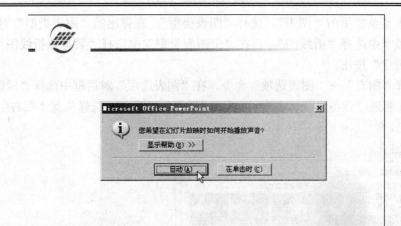

图 6-39 插入声音文件

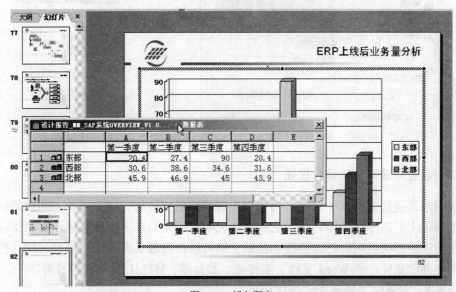

图 6-40 插入图表

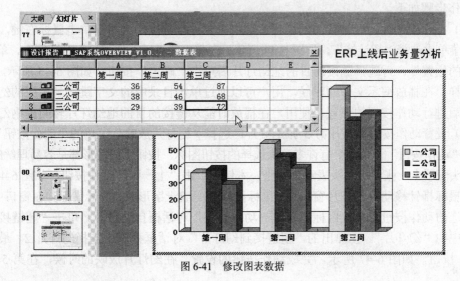

图 6-41 修改图表数据

（3）单击菜单栏里的"图表"，选择"图表类型"，在弹出的"图表类型"对话框的"标准类型"选项卡中选择"折线图"，再在"子图表类型"中选择"数据点折线图"，如图6-42所示单击"确定"按钮。

（4）选择"图表"→"图表选项"命令，在"图表选项"对话框中选择"标题"选项卡，最后填写图表标题"业务量统计表"，再单击"图例"选项卡，选择位置"靠右"后单击"确定"按钮退出。

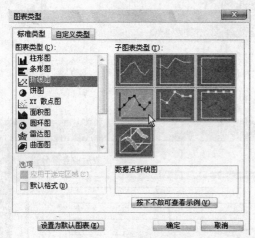

图 6-42　选择图表类型

图 6-43　图表选项

6.3.3　设置超级链接和动作按钮

什么叫超级链接呢？举个例子，当用户在观看演示文稿时，遇到一个不明白的词语，只要在这个词语上单击一下，即可出现它的详细说明，看完后单击返回按钮，又可继续阅读，实现这种功能的方法就叫做超级链接。演示文稿可以在内部实现各个幻灯片之间互相链接，也可链接外部的文件，如 Word 文档、工作簿、数据库、HTML 文件及图片等。

任务 6-8：设置超级链接和动作按钮。

操作步骤如下。

（1）打开要进行超级链接的幻灯片。选中需要进行链接的文字，单击鼠标右键，在弹出的快捷菜单中选择"超链接"，如图 6-44 所示。在弹出的"插入超链接"对话框中，单击"本文档中的位置"，再选择链接的目的地幻灯片后单击"确定"按钮，如图 6-45 所示。

这样，在播放演示文稿的时候，用户可以通过单击目录中的文字跳转到相应的幻灯片。

然后进行动作按钮的设置，使用户在播放时能从链接的目的地幻灯片转回提纲幻灯片。

（2）设置动作按钮。打开第 5 张幻灯片，选择"幻灯片放映"菜单的"动作按钮"，可以看到在"动作按钮"子菜单中有许多可供选择的按钮图标，按钮上的图形都是容易理解的符号，如左箭头表示上一张，右箭头表示下一张，本例中单击"上一张"动作按钮，如图 6-46 所示。

将鼠标指针移动到幻灯片窗口中，鼠标指针会变成十字形状，按下鼠标并在窗口中拖动，画出所选的动作按钮。释放鼠标，这时"动作设置"对话框自动打开。单击"超链接到"下拉菜单中的"幻灯片"。在弹出的"超链接到幻灯片"对话框列表中选择幻灯片 2，最后单击"确定"按钮，如图 6-47 所示，完成动作按钮的设置。在幻灯片放映的时候，在第 5 张幻灯片中单击"上一张"按钮，就会回到提纲幻灯片。

图 6-44　设置超级链接

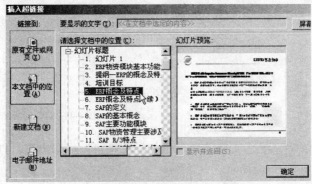

图 6-45　"插入超级链接"对话框

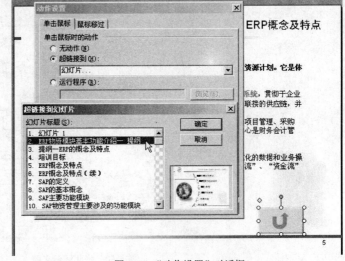

图 6-46　动作按钮　　　　　　　　　图 6-47　"动作设置"对话框

6.3.4 打包与打印演示文稿

用户可能都会遇到这样的情况，做好的演示文稿在其他电脑播放时，因为所使用计算机上未安装 PowerPoint 软件，或缺少幻灯片中使用的字体等一些原因，而无法放映幻灯片或放映效果不佳。其实，PowerPoint 早已为我们准备好了一个播放器，只要把制作完成的演示文稿打包，使用时利用 PowerPoint 播放器来播放就可以了。

任务 6-9：打包与打印演示文稿。

操作步骤如下。

（1）打包演示文稿。打开需要进行打包的演示文稿，选择"文件"菜单中的"打包成 CD"选项。在弹出的对话框中，单击"复制到文件夹"，如图 6-48 所示。

在弹出的"复制到文件夹"对话框中，输入打包的文件名，设置好文件保存的位置，单击"确定"按钮完成打包。打包后的文件如图 6-49 所示，播放时执行"play.bat"文件即可。

图 6-48　打包演示文稿　　　　　　　　　　　图 6-49　打包后的文件

（2）打印演示文稿。演示文稿的每一张幻灯片都可以打印出来，打印的方法和打印其他 Office 文档相同，如图 6-50 所示。

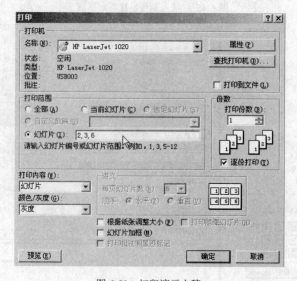

图 6-50　打印演示文稿

6.4 课后练习

一、选择题

1. 在 PowerPoint 2003 中，如果将演示文稿保存为模板，则保存的文件后缀名是＿＿＿＿＿＿＿。

A．ppt   B．ppa   C．pot   D．html

2. 进入 PowerPoint 以后，打开一个已有的演示文稿 P1.ppt 后，又进行了"新建"操作，则＿＿＿＿＿＿＿。

A．P1.ppt 被关闭   B．P1.ppt 和新建文稿均处于打开状态

C．P1.ppt 将被新建文件所替代   D．新建文稿打开，但被 P1.ppt 关闭

3. 在 PowerPoint 中，当在幻灯片中插入了声音以后，幻灯片中将会出现＿＿＿＿＿＿＿。

A．喇叭标记   B．链接说明   C．一段文字说明   D．链接按钮

4. 下列哪项设置在超级链接中无法实现＿＿＿＿＿＿＿。

A．链接到外部文档   B．链接到搜狐网页

C．链接到内部幻灯片   D．同时链接两个目的地

5. 播放演示文稿的快捷键和中止播放的快捷键分别是＿＿＿＿＿＿＿。

A．F4 和 Esc   B．F5 和 Esc   C．pot   D．html

二、操作题

1. 制作一份简历演示文稿，内容包含以下方面。

（1）任意选择一个模板，演示文稿共 3 张幻灯片，其中封面 1 张。

（2）封面幻灯片要求插入一张剪贴画或者图片。

（3）第 2 张幻灯片采用"标题和文本"版式，文字内容不限，文本框的文字至少 3 行，每一行要添加"目项目编号"，编号的图标为箭头形式，再分别对标题和文本加入"自定义动画"，动画效果任意。

（4）第 3 张幻灯片采用"标题和表格"版式，标题为"成绩表"，表格中输入 4 门课程的成绩。本张幻灯片的背景设为"白色大理石"，表格的填充颜色为蓝色，为表格设置动画效果"飞入"。

2. 制作一份企业产品演示文稿，产品内容可自拟，要求如下。

（1）任意选择模板，演示文稿共 4 张幻灯片。

（2）第 2 张幻灯片设为目录，版式为"标题和文本"，文本行分别链接到后两张幻灯片。选择一张图片作为企业 Logo，用母版的形式插入到演示文稿中。

（3）在后两张幻灯片中插入动作按钮，单击后可返回第 2 张幻灯片。

（4）为第 3 张幻灯片设置切换效果为"溶解"，版式为"标题和图表"，标题文字颜色为 RGB，红色 255、绿色 100、蓝色 100。图表为产品的销量表，数据任意。

（5）第 4 张幻灯片版式为空白，插入一个文本框，填充效果为"预设"的"薄雾浓云"。文本框中输入"百度"，要求设置超链接，可链接到百度网页。

参考文献

［1］安徽省教育厅.全国高等学校（安徽考区）计算机基础教育教学（考试）大纲.合肥：安徽大学出版社，2003